河南省科技厅软科学重点项目"打通科技创新政策落实最后一公里对策研究"（202400410047）

河南省科技厅软科学一般项目"一流创新生态建设背景下河南省科技创新政策供给路径研究"（242400411095）

河南省教育厅"教育强省"项目"河南省高校科技创新服务能力评价研究"（2025JYQS1076）

河南牧业经济学院重点学科"数字化管理工程"（XJXK202204-2）

科技创新政策落实
"最后一公里"对策研究

吴　静　◎著

中国财经出版传媒集团

经济科学出版社
Economic Science Press

·北京·

图书在版编目（CIP）数据

科技创新政策落实"最后一公里"对策研究／吴静著.
北京：经济科学出版社，2025.3. -- ISBN 978 - 7 - 5218 -
6291 - 1

Ⅰ. G322.0

中国国家版本馆 CIP 数据核字第 202409DR87 号

责任编辑：刘　莎
责任校对：王肖楠
责任印制：邱　天

科技创新政策落实"最后一公里"对策研究

KEJI CHUANGXIN ZHENGCE LUOSHI "ZUIHOU YI GONGLI" DUICE YANJIU

吴　静　著

经济科学出版社出版、发行　新华书店经销
社址：北京市海淀区阜成路甲 28 号　邮编：100142
总编部电话：010 - 88191217　发行部电话：010 - 88191522
网址：www. esp. com. cn
电子邮箱：esp@ esp. com. cn
天猫网店：经济科学出版社旗舰店
网址：http://jjkxcbs. tmall. com
固安华明印业有限公司印装
710×1000　16 开　16 印张　270000 字
2025 年 3 月第 1 版　2025 年 3 月第 1 次印刷
ISBN 978 - 7 - 5218 - 6291 - 1　定价：79.00 元
（图书出现印装问题，本社负责调换。电话：010 - 88191545）
（版权所有　侵权必究　打击盗版　举报热线：010 - 88191661
QQ：2242791300　营销中心电话：010 - 88191537
电子邮箱：dbts@ esp. com. cn）

前　　言

2020 年我国进入创新型国家的发展行列，科技实力和创新能力走在世界前列。党的二十大报告中指出，坚持创新在我国现代化建设全局中的核心地位。在中国式现代化建设中实现科技创新必须坚持面向世界科技前沿、面向经济主战场、面向国家重大需求、面向人民生命健康的基本宗旨，构建体系化全局性科技创新发展的新格局。党的"十四五"时期是确保高质量建设现代化、确保高水平实现现代化的关键时期，必须深刻认识并准确把握经济社会高质量发展的新要求和国内外科技创新的新趋势，必须坚持科技是第一生产力、人才是第一资源、创新是第一动力，深入实施科教兴国战略、人才强国战略、创新驱动发展战略，开辟发展新领域新赛道，不断塑造发展新动能新优势。坚持把科技创新摆在发展的逻辑起点、摆在现代化建设全局中的核心地位。

在新的发展阶段，一方面要巩固科技创新政策的制度性供给，激励、鼓励各类创新主体从事创新活动，另一方面要理顺科技创新政策实施问题，尤其是科技创新政策落实"最后一公里"问题，引领全社会共同参与一流创新生态建设，实现高水平科技自立自强，提升国家整体创新效能，建设世界科技强国。

科技部原副部长徐南平曾说"创新政策的落实工作，是一项复杂的系统性工程。政策涉及面广、知识性强、专业化程度高，稍有不慎会出现政策理解偏差、会出现超越政策范畴或者会出现把握政策过度等现象"。[①] 因此，科技创新政策落实直接影响政策的实施效果，研究科技创新政策落实的

[①] 徐南平. 把落实创新政策、增加企业科技投入作为科技创新工作的第一抓手　夯实企业技术创新的主体地位 [J]. 江苏科技信息, 2007 (07): 3 - 5.

影响因素和路径选择对于推进科技创新政策落实具有重要意义。

本书在借鉴相关学者的研究基础上,通过文献梳理界定了科技创新政策、科技创新政策落实、"最后一公里"等基本概念,为后续研究工作奠定基础。以全国调研数据为基础,剖析科技创新政策落实"最后一公里"现状,整体把握国家层面的科技创新政策落实情况。运用政策文本分析法分析科技创新政策供给特征,从企业和高校两个视角分别调研,揭示科技创新政策在企业和高校落实"最后一公里"的现状与问题。从机制论视角系统分析了科技创新政策落实机制,明确科技创新政策落实机制的内涵与特征,厘定科技创新政策落实的关键节点、重要链式环节和三维结构。结合科技创新政策落实情况,分析了科技创新政策落实"最后一公里"存在的问题,从机制论视角提出了科技创新政策落实"最后一公里"的对策建议。

为进一步研究科技创新政策在"最后一公里"的落实,系统分析科技创新政策的政策供给、创新主体的创新能力、创新主体的政策认知、协同创新环境和政府响应对科技创新政策落实的影响,从因素视角分析了科技创新政策落实"最后一公里"存在的问题,并提出对策建议。在影响因素分析的基础上,构建科技创新政策落实影响因素组态模型,运用模糊集定性比较分析方法进行实证研究,系统分析了影响科技创新政策落实影响因素间的组态关系,设计科技创新政策落实"最后一公里"的路径选择。针对以上研究结果和问题,从政策生态角度提出科技创新政策生态系统的政策设计与实施策略。主要观点有:

第一,科技创新政策落实"最后一公里"应建立多元主体参与的科技创新政策落实"最后一公里"关键节点、完善科技创新政策落实"最后一公里"链式环节、建立高效传导的三维落实机制。具体包括:重塑宣传主体地位、发挥关联主体和社会公众纽带作用;建立相对均衡的功能链式环节、供需匹配的逻辑链式环节;畅通科技创新政策信息渠道、细化科技创新政策落实步骤、理顺科技创新政策落实回路。

第二,打通科技创新政策落实"最后一公里"应完善科技创新政策供给结构、提升多元主体创新能力、增强创新主体对政策的学习内化能力、优化协同创新环境。具体包括：创新财税、金融类政策、聚焦科技人才培养政策完善供给结构；整合创新资源为创新主体减负、推进重大科技创新平台建设为创新主体赋能；探索科技创新政策辅导团制度、构建学习型科技创新发展共同体；以主体协同推进产业升级、以资源协同提升竞争优势。

第三，打通科技创新政策落实"最后一公里"应形成两种基本路径：路径一是强认知的科技创新政策供给推动型；路径二是创新能力和创新协同环境驱动型。具体包括：弱环境、强认知的科技创新政策供给推动型和强响应、强认知的科技创新政策供给推动型，有利条件和不利条件的创新能力和协同创新环境驱动型。

第四，打通科技创新政策落实"最后一公里"应构建科技创新政策生态系统。科技创新政策生态系统是以科技创新政策资源为基础，由科技创新政策生态群落在政策生态环境下实现共生、竞合、互惠的动态系统。科技创新政策生态系统包括科技创新政策生态群落体系和政策生态环境体系。

本书的创新主要有：

第一，在科技创新政策落实"最后一公里"路径设计上具有创新。定性比较分析（QCA）是以集合论为基础，其优势主要在于分析组态问题，即多种原因共同产生结果，在解决多重并发因果关系问题上具有较好的应用。本书将模糊集定性比较分析方法（fsQCA）应用于科技创新政策落实问题，利用该方法为解决多因素情境下科技创新政策落实"最后一公里"问题建立组态模型，提出实现科技创新政策落实"最后一公里"的两条路径，具体包括：弱环境、强认知的科技创新政策供给推动型和强响应、强认知的科技创新政策供给推动型，有利条件和不利条件的创新能力和协同创新环境驱动型。

第二，基于落实机制、影响因素和落实路径多视角的对策研究具有创新性。本书基于政策扩散理论、政策执行过程理论，通过企业和高校的案例研究，从落实机制、影响因素和落实路径等方面提出了多视角、多路径解决科技创新政策落实"最后一公里"问题的对策建议。分别从机制视角系统分析了科技创新政策落实机制，从关键节点、重要链式环节和三维结构三个方面提出落实中的存在问题，并提出对策建议；从影响因素论视角系统分析了科技创新政策的政策供给、创新主体的创新能力、创新主体的政策认知、协同创新环境方面存在的问题，并提出对策建议；从落实路径视角设计了打通科技创新政策落实"最后一公里"的两条路径。部分成果被河南省科技厅采纳，应用于《河南省"十四五"科技创新和一流创新生态建设规划》。

第三，科技创新政策生态系统的内容设计具有创新性。本书将政策生态系统理论应用于科技创新政策领域，设计了科技创新政策生态系统。利用该系统进行科技创新政策生态系统的政策设计、生态群落政策设计和生态环境政策设计，提出建立以科技部门为主的政策协同推进机制、科技创新政策跟踪反馈机制、营造崇尚科学、宽容失败的政策环境，以及开展科技创新政策落实"最后一公里"的三年行动计划方案等实施策略。该政策设计域实施策略具有前瞻性和可操作性。

目　　录

第1章 绪　　论

1.1　研究背景与意义

1.1.1　研究背景

（1）科技创新政策是创新驱动发展的助推器。党的十八大提出创新驱动发展战略以来，党中央、国务院出台一系列科技创新政策促进创新驱动发展，例如基础研究与成果转化方面的科技政策、科技人才与奖励政策、科技金融与税收扶持政策等，这些政策的出台极大地促进各类创新主体开展创新活动和技术进步，推动技术创新和普及，实现创新驱动式经济社会的高质量发展。国家科技创新政策的制度性供给为创新主体生存发展提供了重要保障。一方面，通过科技创新政策的供给明确创新主体的生产、经营、销售等活动的基本范围，为各类企业的技术研发、成果转让、专利交易等活动提供基本平台。另一方面，国家科技创新政策的供给扩大了创新主体参与市场科技创新活动的范围与边界。以研发费用加计扣除政策为例，为鼓励企业加大研发投入，有效促进企业研发创新活动，2015 年政策放宽了享受优惠的企业研发活动及研发费用的范围。① 2017 年政策聚焦科

---

① 《财政部 国家税务总局 科技部关于完善研究开发费用税前加计扣除政策的通知》。

技型中小企业，将科技型中小企业享受研发费用加计扣除比例由 50% 提高到 75%，① 2022 年研发加计扣除比例调整为 100%。② 工信部数据显示，超过 4 成企业开展技术创新活动，企业创新能力的不断增强，为经济高质量发展打下坚实基础。在创新能力和水平不断提升的背后，正是由于科技创新政策发挥了强劲的政策引领和导向作用。

（2）科技创新政策落实"最后一公里"问题制约了创新驱动快速发展。科技创新政策落实"最后一公里"问题是科技创新政策实施的重大实践问题，一直以来受到各级政府和领导的关注，科技创新政策落实"最后一公里"问题影响了国家科技创新政策的贯彻和执行。在科技创新政策落实"最后一公里"中仍存在一些政策落实不到位、实施不全面，政策设计与政策效果差距较大，政策预期效果与实际效果不一致等问题。主要原因是创新主体需求与政策供给不对称，各类创新主体差异化发展与科技创新政策统一实施的矛盾。由于在政策落实"最后一公里"时忽略各类创新主体的多元化发展需求，忽视参与政策落实的各类主体能力和互动关系以及政策对创新活动的传导机制，造成科技创新政策落实"最后一公里"的"黑箱"状态，阻碍科技创新政策的实施效果，影响创新主体的创新能力和创新活动，制约创新驱动快速发展。因此，开展科技创新政策落实"最后一公里"问题研究，揭开科技创新政策落实"最后一公里"的"黑箱"，理顺政策主体和创新主体的关系和政策落实的内生机制，提高科技创新政策的实施效果，为我国创新发展提供更好的制度保障。

（3）科技创新政策落实问题研究是科技政策学的重要课题。"科技政策学"一词目前在国内的翻译并不统一，"Science of Science and Innovation Policy"直译为"科学与创新政策学"，但该研究主题和内容一般都包括科学、技术和创新政策；其内涵外延与我国一般所指的科技政策概念以及所设立的"科技政策学"学科相一致。当前在国际上以美国和日本为代表，

---

① 《关于提高科技型中小企业研究开发费用税前加计扣除比例的通知》。
② 《关于加大支持科技创新税前扣除力度的公告》。

开展国家主导型的科技政策学研究。

　　"美国国家科学基金会"（NSF）于 2006 年研究制定"科技政策学研究计划"（Science of Science and Innovation Policy，SciSIP），目标是促进科技政策研究的跨学科发展、科技政策数据工具的研究开发、科技政策研究实践共同体的建设，为科技创新政策的科学化制定、规范化管理以及系统化评价提供证据基础。

　　我国的"科技政策学"研究还处在初级理论研究阶段，更多在借鉴外国经验和对比中国科技政策发展特点，试图提出中国特色的科技政策的基本问题，例如刘立（2011）提出发展科技政策学，推进科技体制改革的科学化；樊春良（2017）提出科技政策学的知识构成和体系。

　　因此，科学、规范的政策决策研究是未来科技政策研究的发展趋势。在这一背景下开展科技创新政策落实"最后一公里"问题研究是顺应国际研究趋势，是科技政策学的重要课题。

1.1.2　研究意义

　　（1）理论意义：当代政策科学认为，公共政策执行是一个完整的公共政策过程中必不可少的组成部分。本书基于调研情况，通过数据分析，从国家、省域两个层面总结科技创新政策落实"最后一公里"的现状，探究制约科技创新政策落实效果的症结所在，打破科技创新政策落实中的瓶颈，丰富发展政策执行过程理论并为其提供实践检验。通过构建科技创新政策生态系统与实施策略，在国家科技创新政策实施方法选择上提供一种新思路，弥补在科技创新政策落实问题上理论的不足，拓展政策生态理论在科技创新政策领域的应用，为制定科技创新政策及有效实施政策提供理论依据和理论支撑。

　　（2）实践意义：从宏观层面上，采用定性与定量相结合的方法研究科技创新政策落实为决策者提供更好的决策依据，提高科技创新政策支持的精准率。从创新主体微观角度，科技创新政策落实研究直接影响创新主体的个人决策行为，是政策的直接受益人。从政策制定的角度，建立科技创新政策落实机制对创新能力的激发和科技政策体制的健全都有着重要的实践意义。从政策实施的角度，构建科技创新政策生态系统，从机制视角、影响因素视角、落实路径视角提出对策和建议，为决策部门提供参考依据。

1.2 相关研究进展及评述

1.2.1 关于政策落实概念的研究综述

胡佛在其 1980 年的著作《公共行政中的执行》中提出政策落实的概念和原则。他认为：政策落实是政治和行政工作的核心问题，要落实政策需要建立规划、预算、监管和反馈等一系列制度和机制。政策实施者需要具备一定的知识和技能，能够有效地协调和整合资源，以确保政策的顺利实现。

王念祖等人在其 1998 年的著作《政策科学导论》中提出"政策落实的政策进程论"。该观点认为政策落实是一个复杂的进程，需要注意政策制定、政策实施和政策评估等环节的协作和衔接。政策执行时需要协调和整合各方面的资源，充分发挥政策执行者和受益者的积极性和主动性，使政策能够落到实处。

霍奇森在其 1991 年的著作《公共政策的执行原则》中阐述了政策落实的基本概念。他指出，政策落实分为可以量化的政策目标和无法量化的政策意图两种。政策目标是政策效果的具体表现，可以通过制定关键绩效指标和衡量方式来加强管理和监督。而政策意图是政策效果的难以捉摸和无法量化的部分，需要通过政策实施者和政策执行过程中不断协调和沟通来实现。

叶才烔在其 2005 年的著作《公共政策研究》中提出政策落实的要素。他认为，政策执行者的素质、政府机构的能力和责任感、法律法规的支持和市场机制的作用等都会影响政策落实的效果。政府需要加强对政策执行者的培训和管理，完善法律法规制度，创造有利于政策执行的市场环境和政策支持体系，以提高政策执行的成功率和质量。

李红梅在其2013年的著作《专项政策执行管理》中提出政策执行的流程化、标准化和制度化的要求。她认为，政策执行的管理模式和方法应该有序推进，做到上下衔接，以确保专项政策执行的高效性和满意度。政府还应重视政策执行的监测和评估，及时发现存在的问题并进行改进，以提高政策执行的效率和质量。

金利民在其2016年的著作《政策执行集成管理》中提出政策执行的集成管理模式。该模式以政策目标为导向，建立政策执行集成管理系统，采用信息技术和管理方法，实现政策执行的有效衔接和信息共享。该模式能够提高政策执行的效率和效果，促进政策的顺利实现。

综上所述，学者们认为政策落实是将政策目标和意图转化为具体行动和实际成果的过程，是实现政策预期目标的关键环节。学者们的研究涉及政策制定、实施、管理和监督等多个方面，为政策落实的改进和提升提供了理论和方法的支持。

1.2.2 关于政策落实"最后一公里"的研究综述

"最后一公里"问题是指在政策制定和实施过程中，最终将政策施行于政策目标的"最后一步"。国内外学者对于"最后一公里"问题进行了深入的研究和分析，并提出了很多有价值的建议和观点。

首先，国内外许多学者认为，"最后一公里"问题是企业、政府、社会的共性问题，通常反映在政策的实施过程和管理机制不到位、执行力度不足、管理混乱和协调不够等方面。例如，2012年，郭永怀、郭世明和陈波三位学者在《管理学报》上发表文章，指出政策落实"最后一公里"问题的表现形式和原因，并提出政策落实"最后一公里"问题的解决方案，包括完善管理机制、加强协调等。

其次，在政策制定过程中，对"最后一公里"问题的认识越来越深入，对政策实施和建设也越来越重视。例如，2014年吕伟和董浩在《科技管理研究》上发表的文章提出，"政策落实'最后一公里'问题"的本质在于实现目标在行动上的跨越，并总结当前本领域研究现状和存在的问题。

最后，在实施"最后一公里"问题上，学者们也提出了一些技术性建议和实践"良性循环"方法。例如，2017年李志良和管建明在国家自然科学基金重大项目调研中发现，"最后一公里"问题的解决的关键在于政策执行，因此，提出了强化推广、加大宣传、优化工作流程等实践方法。

美国哈佛大学教授约瑟夫·S. 奈伊（Joseph S. Nye，1993）认为，一个政策落实的成功与否，不仅需要关注所提供的资源和机会，还需要注意所用的方法和手段。他指出，为了将政策落实到位，需要制定可行的方案，并加强政策的宣传和监测。

美国康涅狄格大学的查尔斯·R. 赫尔滕（Professor Charles R. Hulten）认为，政策落实"最后一公里"的问题主要源于机制不完备，执行力不够强。他建议，政策制定者应当考虑到各种因素，以确保政策的完整实施。

曾受雇于世界银行的知名经济学家哈里·A. 帕特洛认为，政策落实"最后一公里"的问题的主要原因在于官僚制度和体系的巨大限制。他主张，政策制定者需要重视政策在实践中的执行情况，制定出合适的解决方案，促进政策执行。

中国学者陈春桂在研究政策落实"最后一公里"的问题时，指出了政策实现的内在机制。他认为，政策落实"最后一公里"的问题源自制度性问题。解决这一问题需要制定科学有效的制度，以增强人民对政策的信任和支持。

国内外学者对于政策落实"最后一公里"的问题提出各种各样的观点和建议。这些观点和建议，基于不同国情和社会背景，涉及政策制定、管理机制、政策执行等多个领域。总体来说，学者们认为政策落实"最后一公里"涉及多方面的因素和环节，需要从制度、管理、协调、监督等多方面入手，全面提高政策落实的效能和质量。

　　还有一些学者从具体的政策领域，探讨和研究政策落实"最后一公里"的问题。例如，国内有关公共服务和基础设施建设的政策，在政策实施的"最后一公里"存在着许多尚未解决的问题，例如缺乏绩效评估、部门之间互不协作、信息不畅等。对于这些问题，学者们提出一些技术性的建议，如强化绩效评估、加强协调、完善信息系统等措施，提高政策的落实效率。

　　政策落实"最后一公里"问题是一个综合性的问题，需要采取系统、综合、长远的治理策略。随着信息技术的不断发展、数字化治理的深入推进、社会群众个体化的需求日益增加，政策落实"最后一公里"问题也需要适应新时代的发展要求，采取新的治理手段。

　　有些学者开始主张在政策制定阶段就考虑"最后一公里"的问题，采用科学的分析方法，评估政策执行的可行性和影响。在政策制定和实施过程中，加强行政管理和政策协同，从制度和管理两方面入手，加大政策执行的监督力度和惩戒力度。同时，注重社会组织和群众的参与，建立一套科学有效的参与机制，以满足社会群众的多元化需求。

　　此外，部分学者们还强调政策执行的数字化和信息化。政策执行过程中需要建立起科学的信息管理和监管体系，以便及时了解实施情况、及时发现执行中的问题和困难，并采取有效的措施进行解决。另外，政府应加强数据开放，使社会群众能够更加便捷地获取政策信息，促进政策的落实效果。

　　中国社会科学院公共政策与治理研究中心主任郭振华，在 2020 年提出政策落实"最后一公里"问题需要采取系统、综合、长远的治理策略，加强行政管理和政策协同，从制度和管理两方面入手，借助数字化治理来解决问题。

　　2019 年，中国人民大学公共管理学院院长吕京珍认为，政策落实"最后一公里"问题应该从政策落实的主体、机制和措施三个方面来进行全面探讨，着力加强政策落实的主体能力，完善落实机制建设，提升落实效能。

　　2020 年，国外学者玛莎·芬尼莫尔（Martha Finnemore）认为，政策落实"最后一公里"问题需要关注政策执行环境的多样化，针对高度个性化和复杂化的社会需求进行精细化施策，建立合适的评价与监测机制，优化政策落实流程。

由此可见，政策落实"最后一公里"问题需要贯穿政策制定和实施全过程。政策的评估、监管、落实等都需要考虑政策执行的"最后一公里"，促进政策的全面、有效、公正、公开实施。具体包括加强政策落实的主体能力、完善落实机制、利用数字化治理等方面来提升政策落实效能，以适应日益个性化和复杂化的社会需求。

综上所述，国内外学者对于政策落实"最后一公里"的问题有不同的认识和观点，重点在于政策制定、管理机制、政策执行等多个方面。在未来的研究中，需要更加深入地探讨政策落实"最后一公里"问题的本质和机制，从多方面入手解决这一难题，进一步提升政策执行的效率和质量，推动政策落实的持久和成功。

总体来看，研究者们认为政策落实"最后一公里"问题的解决需要加强政府部门的能力和管理，提高政策执行的效能和质量。具体而言，需要优化政策落实的机制和流程，加强对政策实施的监管和督察，提高政策执行者的整体素质和管理水平。

此外，研究者们还提出一些具体的解决措施，例如完善政策落实的法律法规、加强政策实施的协调与配合、建立监督机制等。此外，在数字化的时代背景下，政府可以利用数字化技术和数据手段，优化政策实施的过程，提高政策实施的效率和质量。例如，可以建立一个政策执行的大数据平台，实时获取政策实施的数据信息，并对政策实施的情况进行监督和评估。

另外，政策实施需要发挥社会力量的作用，依托群众组织、社区和个人，建立一套多元化的政策实施体系，实现政府部门和民间组织的联合治理，促进政策实施的共同治理。

综上所述，学者们对政策落实"最后一公里"进行了系统研究。从制度层面上，对政策落实"最后一公里"的优化和改进提出了制度层面的措施，例如加强法律法规建设、建立监督机制、建设数字化平台等。从实现措施上，提出社会参与的重要性，强调政策实施需要发挥社会力量的作用，借助群众组织、社区和个人，实现政府部门和民间组织的联合治理。从关联管理手段上，综合采取多种措施和手段，例如优化政策流程、改进政策服务、加强信息互通等，达到政策实施的一体化和综合优化。但是，在政策落实"最后一公里"的实现手段、方式、动力和路径研究方面还存在很多问题，需要进一步深入研究。

1.2.3　关于政策落实影响因素的研究综述

政策落实的效果受到多种因素的影响，了解这些因素可以提高政策的实际效果，为政策落实提供参考。叶才炯在其 2005 年的著作《公共政策研究》中提出了政策执行的影响因素。他认为政策执行者的素质、政府机构的能力和责任感、法律法规的支持和市场机制的作用等都会影响政策落实的效果。政府需要加强对政策执行者的培训和管理，完善法律法规制度，创造有利于政策执行的市场环境和政策支持体系，以提高政策执行的成功率和质量。

史淑英（2009）探讨了政策执行者的个人认知和行为对政策落实的影响。她认为政策执行者的知识、态度和行为会影响政策落实的效果。李振国（2012）探讨了政策落实的管理因素。他认为政策落实的管理因素包括政策信息的传递和沟通、政策实施的流程设计和规范、政策执行的监督和控制等方面。王念祖（2013）探讨了政策落实的环境因素。他认为政策执行的环境因素包括政策落实的机会和障碍、政策执行的协作和合作、政策执行的管理和评估等。政策执行者需要了解政策执行的环境，灵活应对环境变化，实现政策执行的最佳效果。

姜俊杰（2019）探讨了政策落实的制度因素。他认为政策执行的制度因素包括法律法规、政策制度、管理制度等。政策执行需要遵循制度原则和程序，严格执行政策制度，加强对政策执行的监管和评估，确保政策落实的有效性和可持续性。

谭希倩（2021）从政策质量、执行力度、企业动能和环境质量四个方面构建科技创新普惠性税收政策落实的影响因素。刘铁诚（2021）建立供需两类影响因素理论模型研究了基本公共卫生服务政策落实问题。傅熠华（2014）在研究惠农政策落实时考虑政策本身属性，将经济因素、生产规模和人口规模、村庄类型、村治活动等作为影响因素。

综上所述，学者们对政策落实影响因素进行了系统研究，政策落实的效果受到政策执行者的素质、政府机构的能力和责任感、法律法规的支持和市场机制的作用、政策执行的管理和保障、政策落实的机会和障碍、政策执行的协作和合作、政策执行的制度原则和程序等多种因素的影响。学者们提出不同的观点和解决方案，为政策落实提供了理论和实践的支持。政府需要综合考虑多种因素，制定科学合理的政策执行计划，加强对政策执行的监管和管理，提高政策执行者的素质和能力，增强政策执行的积极性和主动性，以确保政策落实的顺利实现。这些研究结论丰富了政策扩散和执行的理论成果，但在研究方法上普遍存在定性研究多、定量研究少的趋势，其结论的普适性和解释力还需进一步验证。

1.2.4 关于政策落实效果的研究综述

政策落实的效果可能受到多种因素的影响，包括政策本身、政府机构、政策执行者以及社会和环境等方面的因素。

沃尔特·E. 伊萨德（Walter E. Isard）在其1976年的研究中探讨了政策落实对经济增长的影响。他认为，政策落实对于促进经济增长有着重要的作用，政府应该重视政策实施的效果和成果。政策落实的效果和成果可以通过增加投资和消费、提高就业率和生产率、促进技术进步和管理效率等方面来实现。

张明（2005）探讨了政策落实效果的评价体系和方法。他认为，政策落实效果的评价应包括政策目标的实现情况、政策实施过程的质量和效率、政策执行者的能力和素质、政策执行环境的影响等方面的内容。政府需要建立健全的政策落实效果评价体系和方法，为政策执行提供决策支持和管理指导。

金玉珉（2010）探讨了政策落实效果的影响因素和测评方法。他认为，政策落实效果的影响因素包括政策目标的设置、政策执行者的能力和素质、政策执行过程的监管和控制等。政策落实效果的测评方法可以采用关键绩效指标、政策效果分析、问卷调查、访谈观察等多种方法，从不同角度评价政策落实效果的优缺点。

王念祖（2013）探讨了政策落实效果的实证研究方法和路径。他认为，政策落实效果的实证研究应该采用科学合理的研究设计和方法，包括理论分析、实证研究、案例分析和可比性研究等。政府需要灵活运用这些方法，掌握政策落实效果的评价原则和方法，为政策制定和落实提供科学依据。

孟凡利（2016）探讨了政策落实对于社会和经济发展的影响。他认为，政策落实的效果和成果关系到社会和经济发展的动力和方向，可以通过促进经济增长、优化社会结构、保障公民权益和发展公共事业等方面来实现。政府需要加强政策落实的管理和监督，确保政策落实的有效性和可持续性。

综上所述，政策落实效果的评价涉及政策执行的多个方面，需要从政策目标、政府机构、政策执行者、社会和环境等方面考虑影响因素和测评方法。学者们提出不同的观点和方法，政府需要根据具体情况和需求，制定适合自己的政策落实效果评价体系和测评方法，确保政策执行效果最大化。政策落实的成果和效果对于促进经济社会的健康发展和人民生活的改善有着至关重要的作用，政府应加强对政策落实的管理和监管，确保政策落实的稳定性、可持续性和公正性。

1.2.5　关于政策落实机制的研究综述

政策落实机制是指政策执行过程中所形成的一套政策协调、资源配置和责任分工等组织方式和管理规范。政策落实机制的不同设置对于政策的有效实施和最终的成效都有着关键性的影响。

格拉汉姆·鲁姆（Graham Room）在其 1986 年的研究中探讨了政策落

实机制的设计和实施。他认为，政策落实机制应考虑外部环境因素、内部政策要素和政策执行者等方面。政府需要建立科学完善的政策落实机制，协调政策执行者间的关系和资源分配，确保政策实施的效率和效果。

杨增元（2000）探讨了政策落实机制的性质和原则。他认为，政策落实机制应具有协调性、弹性、权责分明和可操作性，以保障政策执行的顺利实施。政策落实机制的实施需要厘清政策执行主体的任务和职责，明确定义权力和责任的界限，并建立完整的责任追究和监督机制。

史淑英（2009）探讨了政策落实机制的评价和调整。她认为，政策落实机制的评价和调整需要从政策目标的实现、政策执行的质量和效率、政策执行的环境和政策执行者的能力等方面开展，以保障政策实施的顺利和有效。

王念祖（2013）探讨了政策落实机制的主要特征和演变趋势。他认为，政策落实机制需要注重信息的传递和沟通，加强政策执行过程中的协调和合作，创新政策执行方式和手段，建立健全的政策执行监管体系和机制，以实现政策的顺利实施和最终的成效。

张伟（2019）探讨了政策落实机制的变革和创新。他认为，政策落实机制应适应社会变革和制度创新的需要，加强政策执行的监管和反馈机制，注重社会参与和民主监督，建立开放共享的政策执行平台，以提高政策实施的透明性和参与性。

综上所述，政策落实机制涉及政策协调、资源配置和责任分工等组织方式和管理规范，对于政策的有效实施和最终的成效都有着关键性的影响。学者们提出多种设计和实施策略，政府需要根据具体情况和需求，建立科学完善的政策落实机制，保障政策执行的顺利实施和最终的成效。

1.2.6　关于政策落实策略的研究综述

政策落实策略是政府运用各种手段和方案，推动政策落实的过程。不同的政策落实策略会对政策的实施效果产生不同的影响，因此，政府需要针对具体情况和目标，采取恰当的策略来推动政策的顺利实施。

洛林·M. 麦克唐奈尔（Lorraine M. McDonnell）在其 1994 年的研究中探讨了政策落实策略的设计和实施。她认为，政府需要全面考虑各方面的因素，采用合适的政策推行策略，以在正式实施中才能取得最好的效益。政策落实策略的设计要考虑多个方面的因素，例如政策目标、利益相关者、执行机构和可行性等，以保证政策顺利实施和最终成效。

王丽华（2005）探讨了政策落实策略的分类和选择。她认为，政府需要依据政策实施的目标和情况，将政策落实的策略按照不同目的进行分类，例如诱导型、强制型、平衡型、合作型等。政府需要综合考虑各种因素，如利益平衡、开发利用、协调合作等，选择适当的政策策略来推动政策实施。

葛笃宗（2012）探讨了政策落实策略的核心问题和应对方法。他认为，政府需要在实施过程中优化资源配置，完善监督机制，强化人才队伍建设，加强社会动员，更好地面向正确的对象，精细化措施按部就班地推进落实，以保证政策目标的实现。

乔桂霞（2016）探讨了政策落实的网络化策略。她认为，政策落实需要与网络化结合，利用网络化技术和智能化工具加速政策落实的过程，提高政策执行效率，同时扩大政策实施的范围和影响力，在不同的领域、不同的社会群体间展开合作、协商、联系，以达到更广泛的参与和效果。

邓曼妮（2019）探讨了政策落实的协同推进策略。她认为，政策落实不是一个部门、一个群体能够解决的问题，需要各方协作联动，共同推进落实。政府应加强不同部门、级别、地区之间的协调，促进政府与社会组织的合作，实施策略协同力，提高政策制定和落实的整体效益。

综上所述，政策落实策略的选择和实施要考虑多个因素，例如政策目标、利益相关者、资源分配、执行机构、应对措施和评估反馈等。学者们提出不同的政策落实策略和方法，政府需要根据具体情况和需求选择合适的策略，重视政策落实的监管和反馈机制，保证政策执行的顺利实施和最终的成效。同时，政府需要着眼于社会动员和协同，统筹各方面的资源，加强政策制定和落实的整体效益，从而实现政策的良性循环和有效实施。

1.2.7 文献述评

关于政策落实的概念、影响因素、机制、策略的研究虽然对政策落实提供了一定的理论和实践支持，但依然存在一些局限性，主要包括以下几个方面：

第一，研究角度局限性。目前关于政策落实的研究大多是从政治、法律、管理等角度分析和探讨的，缺乏交叉学科的融合和深度，无法全面把握政策落实的复杂性和多样性。

第二，数据获取和质量局限性。政策落实研究需要大量的实证数据支持，但由于政策效果评估和研究数据获取难度大、数据质量有限，导致研究结论的可靠性和精准度存在一定的问题。

第三，地域和领域局限性。由于不同地区、不同领域的政策落实具有各自的特点和问题，所以研究结论很难具有普适性和可推广性。

第四，研究方法和技术局限性。目前政策落实研究主要采用问卷调查、案例研究和实证分析等方法，这些方法在研究效果评估、定量分析、数据挖掘等方面存在局限性，研究结果的可靠性和准确性有待提高。

综上所述，虽然关于政策落实的研究已经取得一定的进展和成果，但仍然需要进一步完善研究方法、提高数据质量、扩大研究领域和视野，以适应不断变化的政策环境，更好地促进政策落实的顺利运行。

1.3 研究思路与技术路线

1.3.1 研究思路

本书通过文献梳理界定了科技创新政策、科技创新政策落实、"最后一公里"等基本概念。借鉴政策扩散理论、政策执行过程理论、政策网络理论、政策生态系统理论、社会认知理论研究了国家科技创新政策和省域科技创新政策在企业、高校等创新主体的落实问题，是相关公共政策理论在解决中国科技创新政策实践问题上的具体应用。一方面运用政策文本分析法分析了省域科技创新政策供给特征，另一方面通过调研分析科技创新政策在企业、高校等创新主体的落实"最后一公里"现状，寻找科技创新政策供给与需求的均衡关系。在此基础上，研究科技创新政策落实"最后一公里"的机制问题、影响因素和路径选择问题。最后从未来视角，构建了科技创新政策生态系统，提出了科技创新政策生态系统的内涵、意义和特征。在核心政策、配套政策和辅助政策的政策框架内对其进行系统设计，并在此基础上提出科技创新政策生态系统的实施策略。根据以上研究思路，具体章节安排如下：

第 1 章，绪论。阐述研究背景与意义，梳理相关研究进展，确定研究思路，设计研究技术路线，选定研究方法，明确创新之处。在实现高水平科技自立自强建设中凸显科技创新政策落实问题研究的必要性和紧迫性。

第 2 章，相关概念与理论基础。通过文献梳理界定科技创新政策、科技创新政策落实、"最后一公里"等基本概念。借鉴政策扩散理论、政策执行过程理论、政策生态系统理论和社会认知理论研究了国家科技创新政策和省域科技创新政策在企业、高校等创新主体的落实问题，是相关公共政策理论在解决中国科技创新政策实践问题上的具体应用。

第 3 章，国家层面科技创新政策落实"最后一公里"数据分析。通过问卷调查全国 323 家企业科技创新政策落实现状，分析了创新主体对不同类型的科技创新政策的认知情况、政策认知渠道、创新协同环境和政府响应等基本情况，整体把握国家层面的科技创新政策落实情况。在政策认知方面，调研对象科技创新政策认知程度由高到低依次为：科技人才类政策、知识产权类政策、技术研发类政策、科技投入类政策、财税优惠类政策、社会服务类政策和科技金融类政策。在政策信息渠道方面，形成以企业自主、同行交流学习为主，以政府组织为辅，以社会宣传为补充的基本格局。在创新协同环境及政府响应方面，按高低排名依次为东部、中部、西部。对七类科技创新政策落实评价由高到低依次为：财税优惠类政策、社会服务类政策、技术研发类政策、知识产权类政策、科技金融类政策、科技投入类政策和科技人才类政策，形成了政策认知与政策落实评价非对称关系。

第4章，省域层面科技创新政策落实"最后一公里"数据分析。运用政策文本分析法从政策供给主体和政策供给内容两个方面分析了河南省科技创新政策供给特征。企业方面，实地走访郑洛新国家自主创新示范区新乡片区20多家高新技术企业和科技型中小企业，调研政策落实的痛点和瓶颈，为进一步了解先行先试政策的落实现状对新乡高新区299家企业进行问卷调查。高校方面，围绕重点政策对河南省内20多家高等院校一线科研人员的政策认知度、享受度和满意度进行了调研。

河南省企业创新活动以单独进行为主，缺乏合作和交流。高校科研人员对减轻科研人员负担、人才评价与职称改革政策认知度较高，人才激励与奖励、科技成果转化政策认知度较低。网络学习、同行交流是主要的认知渠道。人才激励与奖励政策享受度较低，人才评价和职称政策满意度较低。高校科技创新成果转化率低、科研工作缺资金、缺设备、缺场所等基础条件和设施不完善问题较为突出。

第5章，科技创新政策落实"最后一公里"机制设计与对策分析。从机制论视角系统分析了科技创新政策落实机制，明确了科技创新政策落实机制的内涵与特征，厘定了科技创新政策落实的关键节点、重要链式环节和三维结构。从机制视角分析科技创新政策落实"最后一公里"存在问题。科技创新政策落实机制中宣传主体模糊化、忽视关联主体和社会公众，造成了关键节点有缺失。功能链式环节存在比例失衡、逻辑链式环节存在供需差异，造成了重要链式环节不健全。时间维上执行和学习出现断层、功能维上政策功能未充分发挥、逻辑维上缺乏系统设计，造成三维传导有阻滞。从机制视角提出打通科技创新政策落实"最后一公里"的对策建议。

通过重塑宣传主体地位、发挥管理主体和社会公众纽带作用，建立多元主体参与的科技创新政策落实"最后一公里"关键节点。通过建立相对均衡的功能链式环节、建立供需匹配的逻辑链式环节，完善科技创新政策落实"最后一公里"链式环节。通过畅通科技创新政策信息渠道、细化科技创新政策落实步骤、理顺科技创新政策落实回路，建立高效传导的三维落实机制。

第6章，科技创新政策落实"最后一公里"影响因素与对策分析。科技创新政策落实"最后一公里"影响因素分析。从影响因素视角系统分析了科技创新政策的政策供给、创新主体的创新能力、创新主体的政策认知、协同创新环境和政府响应对科技创新政策落实的影响。从影响因素视角分析科技创新政策落实"最后一公里"存在问题。科技创新政策在供给结构方面，存在财税优惠类与科技金融类政策供给不足、科技人才类政策供给比例不均问题。在创新能力方面，资金与人才因素制约了创新活动质量、创新主体间合作程度影响了创新活动水平。政策认知方面，缺少针对性的政策学习辅导、尚未形成政策信息双向流通的政策认知路径。在协同创新环境与政府响应方面，创新主体协同动力不足、科技资源协同存在阻碍。影响因素视角下提出打通科技创新政策落实"最后一公里"的对策建议。通过创新财税、金融类政策、聚焦科技人才培养政策，完善科技创新政策供给结构。

通过整合创新资源为创新主体减负、推进重大科技创新平台建设为创新主体赋能，提升多元主体创新能力。通过探索科技创新政策辅导团制度、构建学习型科技创新发展共同体，增强创新主体对政策的学习内化能力。通过推进主体协同推进产业升级、推进资源协同提升竞争优势，不断优化协同创新环境。

第7章，科技创新政策落实"最后一公里"模糊集定性比较分析与路径设计。在影响因素分析的基础上，构建由科技创新政策供给、创新主体创新能力、创新主体政策认知、协同创新环境和政府响应构成的科技创新政策落实因素组态模型。以109家典型科技企业和科研机构为样本数据，运用模糊集定性比较分析的方法对影响因素的组态关系进行实证分析，分别进行了单因素分析和条件组合分析并通过了稳健性检验。

科技创新政策落实"最后一公里"的路径有两条：路径一是强认知的

科技创新政策供给推动型。路径二是创新能力和创新协同环境驱动型。路径一又分为两种子路径，分别为弱环境、强认知的科技创新政策供给推动型和强响应、强认知的科技创新政策供给推动型。路径二也分为两种子路径，分别为有利条件下的创新能力与协同创新环境驱动型和不利条件下的创新能力和协同创新环境驱动型。

第8章，科技创新政策生态系统政策设计与实施策略。从政策生态角度构建科技创新政策生态系统，提出了科技创新政策生态系统的内涵、意义和特征。对科技创新政策生态群落系统、科技创新政策生态环境系统分别进行政策设计。围绕科技创新政策生态群落间的共生互惠、价值共创为目标，形成以科技创新政策生态群落培育孵化为内容的核心政策，以新兴产业准入、人才和技术为内容的配套政策。围绕科技创新政策环境系统内稳定的经济环境、高效的技术环境和良好的文化环境为目标，形成以政策生态环境提质优化为核心政策，以产业融合、创新平台建设、信息服务共享为内容的配套政策。

科技创新政策生态系统的实施策略包括：通过建立以省科技厅牵头的联席会议制度、探索科技创新政策辅导团制度、实施靶向政策供给制度，建立以科技部门为主的政策落实协同推进机制。通过开展科技创新政策落实情况跟踪调查工作、科技创新政策落实第三方评估工作、统筹多方力量参与政策跟踪调查，建立科技创新政策跟踪反馈机制。用真金白银投资教育、建立人才共育共培制度、容错免责机制，形成崇尚科学、宽容失败的政策环境。

第9章，研究结论与展望。

总结了7个方面的研究结论，从两个方面提出未来展望。

1.3.2 技术路线

本书技术路线如图1-1所示。

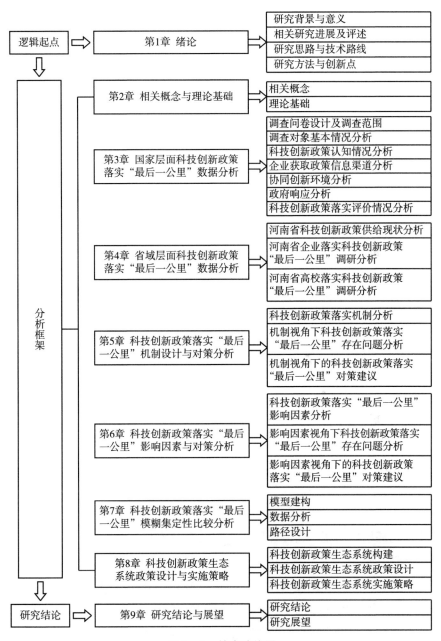

图1-1 技术路线图

1.4 研究方法与创新点

1.4.1 研究方法

第一，文献研究法。在研究科技创新政策落实机制、影响因素问题时采用文献研究法，通过查阅资料、研读文献，梳理和归纳科技创新政策的研究进展，进而提出本书的核心概念和理论基础。

第二，案例研究法。在研究科技创新政策落实"最后一公里"现状时选取大运汽车、软通动力、中航电测、华兰生物、科隆集团、河南电池研究院等作为重点案例，分析政策落实中的关键节点和重要环节，挖掘政策落实"最后一公里"的经验材料和实践来源。

第三，问卷调查法。为进一步揭示科技创新政策在不同创新主体的落实现状，在科学设计、反复论证的基础上采用问卷调查的方法，针对企业重点调查财税优惠、金融支持、科技投入、技术研发、知识产权和社会服务等一般科技创新政策以及部分先行先试政策的落实情况及存在问题，针对高校科研人员重点调查人才激励与奖励、人才评价、科研环境等政策落实及存在问题。

第四，重点访谈法。为弥补单一问卷调查不足，有重点地选择部分企业高管人员和高校科研人员进行重点访谈。通过深度访谈发现问卷调查不能反映的深层次问题，为设计科技创新政策落实机制、研究影响因素提供现实基础。

第五，模糊集定性比较分析方法（fsQCA）。在研究科技创新政策落实"最后一公里"路径问题时运用模糊集定性比较分析方法（fsQCA）进行实证研究，构建科技创新政策落实影响因素组态模型，提出具体的实现路径。

1.4.2 创新点

第一，在科技创新政策落实"最后一公里"路径设计上具有创新性。定性比较分析（QCA）是以集合论为基础，其优势主要在于分析组态问题，即多种原因共同产生结果。本书将模糊集定性比较分析方法（fsQCA）应用于科技创新政策落实问题。从理论上构建科技创新政策落实影响因素组态模型，选取 109 家科技企业和科研院所的调研数据，运用模糊集定性比较分析（fsQCA）进行实证研究，系统分析了影响科技创新政策落实的因素及组态关系，提出实现科技创新政策落实"最后一公里"的两条路径，具体包括：弱环境、强认知的科技创新政策供给推动型和强响应、强认知的科技创新政策供给推动型，有利条件下和不利条件下的创新能力和协同创新环境驱动型。本书解决了传统定性分析缺乏客观证据的问题，同时也弥补了单一实证分析缺乏理论支撑的问题，为科技创新政策落实路径设计提供了新方法。

第二，基于落实机制、影响因素和落实路径多视角的对策研究具有创新性。本书基于政策扩散理论、政策执行过程理论，聚焦"打通科技创新政策落实'最后一公里'对策"这一核心问题，通过企业和高校的案例研究，从落实机制、影响因素和落实路径等方面提出了多视角、多路径解决科技创新政策落实"最后一公里"问题的对策建议。从机制视角系统分析了科技创新政策落实机制，从关键节点、重要链式环节和三维结构三方面提出落实中的存在问题，并提出对策建议；从影响因素论视角系统分析了科技创新政策的政策供给、创新主体的创新能力、创新主体的政策认知、协同创新环境方面存在的问题，并提出对策建议；从落实路径视角设计了科技创新政策落实"最后一公里"的两条路径。部分成果被河南省科技厅所采纳，应用于《河南省"十四五"科技创新和一流创新生态建设规划》。

第三，科技创新政策生态系统的内容设计具有创新性。本书将政策生态系统理论应用于科技创新政策领域，设计了科技创新政策生态系统。科技创新政策生态系统是以科技创新政策资源为基础，由科技创新政策生态群落在政策生态环境下实现共生、竞合、互惠的动态系统。科技创新政策生态系统包括科技创新政策生态群落体系和政策生态环境体系。利用该系统进行了科技创新政策生态系统的政策设计、生态群落政策设计和生态环境政策设计，提出了建立以科技部门为主的政策协同推进机制、科技创新政策跟踪反馈机制、营造崇尚科学、宽容失败的政策环境，以及开展科技创新政策落实"最后一公里"的 3 年行动计划方案等实施策略。该政策设计与实施策略具有前瞻性和可操作性。

第 2 章　相关概念与理论基础

2.1　相关概念

2.1.1　科技创新政策

1963 年在"联合国关于低开发地区适用的科学技术会议"（United Nations Conference of the Applications of Science and Technology，UNCAST），提出了"科学技术政策"这一概念。联合国教科文组织认为，科学技术政策是国家或地区为强化其科技力量所建立的组织、制度及执行方向的总和。

"科技创新政策学（Science of Science and Innovation Policy）研究计划"由美国国家科学基金会（NSF）于 2006 年启动。2011 年《科学政策学手册》出版，其内容包括：科学政策学的理论、方法、数据及美国科学政策学实务。战后日本政府通过制定和实施科技计划实现了经济复苏。在日本政府的《第四期科学技术基本计划》（2010—2015 年）中提出推进"科学、技术和创新政策科学"，逐渐形成了"以证据为基础"的基本原则。

"科技政策学"一词目前在国内的翻译并不统一，"Science of Science and Innovation Policy"直译为"科学与创新政策学"，但该研究主题和内容一般都包括科学、技术和创新政策；其内涵外延与我国一般所指的科技创新政策概念以及"科技政策学"学科研究内容一致。当代政策科学认为，公共政策执行是一个完整的公共政策过程中必不可少的组成部分。从政策科学视角研究公共政策，把科技创新政策和政策所在的制度环境、决策过程和政策效果作为一个系统研究，为多样性的政策分析提供了规范基础。

阿曼克瓦 – 阿莫（Amankwah – Amoah，2016）、莱莫拉（Lemola，2002）、柳卸林（1993，2007）、连燕华（1999）、方新（2001）、杨健和韩立新（2010）、徐大可和陈劲（2013）、高峰和郭海轩（2014）、梅姝娥和仲伟俊（2016）、董艳春（2017）、徐硼和罗帆（2020）、何增华和陈升（2020）等学者形成具有代表性观点，具体见表 2 – 1。

表 2 – 1　　　　　　　　　　关于科技创新政策的代表性观点

作者	主要观点
柳卸林 （1993，2007）	科技政策是国家为实现一定时期的科技路线和任务而制定的科技行动准则。创新政策是以促进创新产生、利用和扩散为目标的一系列公共政策的总和。
连燕华（1999）	科技创新政策是促进技术创新活动、规范技术创新行为的各种直接或间接政策的总和。
方新（2001）	科学技术政策是国家在一定历史时期的总目标下，为有计划、有组织地促进科学技术发展，并使科学技术更好地推动社会经济的发展而制定的发展科学技术的准则和主要措施。科技政策的重点从科学政策向创新政策演变。
莱莫拉（2002）	科技创新政策是政府为推动科技发展或实现其政治目的而制定的方案，包括科技发展和科技应用两类。
徐大可、陈劲 （2004）	科技创新政策是指政府为了促进科技创新活动的大量涌现、科技创新效率的不断提高、科技创新能力的不断增强而采取的公共政策，其最终目标是通过科技创新提高竞争力，实现经济持续增长。
高峰、郭海轩 （2014）	科技创新政策就是对科技开发、成果转化、产业化产生促进作用的政策。
阿曼克瓦 – 阿莫 （2016）	科技创新政策是科学、技术、创新三种政策类别的统称，而非单一概念。
梅姝娥、仲伟俊 （2016）	科技创新政策是"科学技术与创新政策"的简称，是政府为促进科学研究和技术开发以产生新知识和新技术，并利用新知识和新技术支撑引领经济发展、社会进步和国家竞争力增强而采取的相对稳定的行动工具。

续表

作者	主要观点
徐珊、罗帆（2020）	科技创新政策包含侧重研发的科技政策和侧重经济发展的创新政策。
何增华、陈升（2020）	科技创新政策保障各项创新活动的有效进行与创新资源的合理分配。

结合学者们的研究成果，本书认为：科技创新政策，即科学技术与创新政策，是政府为促进科技创新活动、提升科技创新能力，引领经济发展、技术创新和社会进步而制定的公共政策。

2.1.2 科技创新政策落实

国内学者曾凯华（2018）研究认为，促进科技创新政策落实应做到分类指导各地市、加强政策执行区域均衡、加大政策宣传力度、建立政策评估常态机制等方式，提高科技创新政策的科学性和有效性。罗娟（2017）对上海市创新人才政策的落实提出了优化人才环境、完善人才评价等具体对策。吴和雨（2016）研究小微企业科技创新政策落实情况并提出相应对策。这些学者们结合地方科技创新政策或是某个领域的科技创新政策，对其落实问题做出了积极的探索。

"政策落实"是实践中常用到的一个概念，多见于政府政策文件。例如，2021年中央经济工作会议强调"科技政策要扎实落地"。科技部表示"促进科技政策扎实落地是2022年工作重点，也是工作主线"。2022年全国科技工作会议将2022年确定为科技政策落实年。根据实践中使用"政策落实"这一概念的语境，本书将"科技创新政策落实"解释为科技创新政策落到科技创新活动过程中，通过政策引导优化科技资源配置，营造创新生态环境，满足创新主体的需求，实现政策目标。科技创新政策落实是动态过程，科技创新政策落实机制具有实施过程的开放性，科技创新活动的科学性，参与主体多元性，程序合法合规性的特征。

2.1.3 "最后一公里"

政策落实"最后一公里"一般是指政策落地的阶段，是政策落地见效的关键环节。"最后一公里"问题是政策实践中的问题，也是政策落实的难点和痛点问题。"最后一公里"是政策供给和政策需求的对接点，是政策信息扎实落地的关键点，也是创新主体享受政策红利的落脚点。科技创新政策落实"最后一公里"就是要通过科技创新政策落实机制，高效配置科技创新资源，营造良性创新生态环境，满足创新主体的需求，实现经济发展、技术创新和社会进步。

2.2 理论基础

2.2.1 政策扩散理论

政策扩散理论是研究政策创新与政策传播问题的基本理论，关注政府为何采纳一项新政策，这项政策如何从一个地区或政府传播到另一个地区或政府，以及在此过程中通过什么机制传播政策信息、不断创新政策。1969 年，沃克（Jack L. Walker）奠定了政策扩散研究的基础，他在研究美国各州政策传播的问题时基于单因素视角验证了经济发展水平和工业化状况对创新与扩散的影响。1990 年，贝瑞夫妇（Frances S. Berry & William D. Berry）采用事件史分析方法将影响政策扩散的内部因素和外部因素整合起来，这种采用混合时间序列、离散、非重复的方法实现了政策扩散研究方法上的创新。

2002 年，罗杰斯（Everett M. Rogers）认为，政策扩散是指一项政策随着时间的推移，在社会系统中传播的过程。他强调政策扩散过程中的特定时间、扩散的特定程序以及各个群体在扩散中的沟通交流作用。布朗

（Lawrence A. Brown）和考克斯（Kevin R. Cox）（1971）总结出政策扩散的三个方面时空演进特点：一是时间上政策扩散呈现出"S"形曲线，即初创期缓慢扩散、成熟期加速扩散、扩散后期再次进入缓慢扩散的稳定阶段的基本规律；二是空间上由于地域之间的邻地资源相似性和易获取性等因素本地政府趋于模仿先进地区习得成功政策，呈现出政策扩散的邻地效应；三是区域内部政策扩散形成从策源地为中心向外辐射，呈现"领导—跟从"的特点。这种政策扩散的特点在很长一段时间被学术界认可，并成为主流观点，随着对政策扩散特点问题研究的深入，也有学者提出新的观点。2001 年，莫妮（Mooney）提出政策扩散"R"形曲线，2012 年，布什伊（Boushey）出政策扩散的"R"形曲线、陡峭的"S"形曲线和阶梯形状三种扩散特征形态。

在政策扩散影响因素方面，威吉娜（B. Wejnert）从系统论出发，提出了影响政策扩散的三个方面的因素，分别为政策本身即政策的扩散的成本收入情况及社会个人福利变化、创新主体更多是指政策扩散主体，其在扩散中的地位和作用影响了政策扩散，此外还有环境因素。马克赛（Makse）和沃尔登（Volden，2011）、克罗蒂（Crotty，2012）等学者从创新政策本身的内容属性研究了其对政策扩散过程的影响，2015 年，阿诺德（Arnold）、布朗（Brown）等人研究创新主体特性对创新政策扩散的影响作用。沃克（Walker，2017）认为，政策扩散是由政府行为和非政府行为相互作用的产物，其过程既受政策内容、外部环境和国内政治力量的影响，也受到传播渠道和传播人员的影响。思佳思达（Skogstad，2017）认为，政策转移是政策扩散的一种形式，可以在不同的政治环境中促进政策的传播和转化；同时，政策转移还可以通过政策学习来促进政策创新。此外，明特罗姆（Michael Mintrom，1997）和马什（David Marsh，2009）等提出了公共政策扩散中的学习、竞争、模仿及强制四种机制。

由此可见，政策扩散理论是一种分析政策传播和接受的理论。本书以政策扩散理论为基础研究科技创新政策，用于分析科技创新政策传播的渠道、接受的障碍以及实施效果等问题。基于政策扩散理论识别科技创新政策传播过程中的参与者和渠道。科技创新政策的扩散涉及政府、企业、学术研究机构等多种组织和个人，同时还受政策资讯、媒体信息和社交媒体等多种渠道的影响。以政策扩散理论为基础分析这些参与者和渠道的互动关系，推断相对于不同组织和个人在扩散过程中所发挥的作用。科技创新政策的执行过程中，政策扩散是其中非常重要的一个环节。通过分析政策扩散的环节、优化扩散路径、增强扩散效果和解决扩散障碍等方面，提出优化的建议，深化政策的传播，最终实现政策的良性扩散。此外，本书以政策扩散理论为基础分析科技创新政策传播过程中的传输机制和相关因素，推断不同因素对政策扩散效果的影响。

2.2.2　政策执行过程理论

政策执行过程理论是研究政策执行的一个重要分支，其目的是深入研究政策执行的机制、影响因素和结果。

政策执行过程理论的研究内容包括以下几个方面：

第一，政策执行过程及其要素。主要探讨政策执行过程中的各个阶段以及在这些阶段中发挥关键作用的要素，例如政策执行者、执行环境、执行手段等。其中，影响因素研究是研究热点，一般认为影响政策执行的影响因素包括政策属性、执行者能力、环境因素、政策执行机构。不同的政策属性对其执行过程的影响也不同，例如政策的性质、目标、依据等。政策执行者的能力直接影响政策执行的效果和质量，因此，政策执行者的素质、专业能力、执行经验等都会对政策执行产生重要的影响。政策执行环境的变化会直接影响政策执行的效果和质量，例如经济状况、社会形态、人口结构等方面的变化。政策执行机构的行政能力、监管能力以及内部协调和沟通能力等都会对政策执行过程产生重要的影响。最具代表性的观点是1973年由美国政策学家史密斯提出，其基本内容是政策执行过程由4个要素构成，分别为理想化的政策、执行机构、目标群体和环境因素，这4个因素相互作用影响政策的执行过程及其效果的实现。理想化的政策主要是指政策的合理性和可执行性；执行机构是政策的具体实施机构，执行机构中人员的领导力、影响力也是政策执行有效性的关键（吕芳，2019）；

目标群体是政策受益对象，其对政策的理解、接受程度影响了政策执行效果。环境因素对政策执行起到了直接影响作用。

第二，政策执行过程中的问题。主要围绕政策执行过程中各种问题展开，例如政策执行的偏差、失效、缺乏合法性、决策制定和执行之间的紧密程度等。美国政治学界的杰出学者威尔达斯基（Aaron Wildavsky）在1964年出版他的著作《政策执行：政策实施的分析》中提出了"实现论"这一政策执行理论学派，强调政策执行过程中各种行为的相互影响，并以实证研究的方式揭示了政策执行过程的规律性。胡佩和希尔（Hupe & Hill）是荷兰斯塔特大学公共管理学部的教授，他们主要关注政策执行过程中政策执行者的社会环境和文化影响。在2007年出版他们的著作《制度化实施：政策执行的文化因素》中提出"制度化实施"和"本土知识"这两个概念，他们提出了"制度化实施"和"本土知识"这两个概念，强调政策执行者在其所处的社会和文化环境下所扮演的角色。

第三，政策执行过程中的改进措施。主要关注如何改善政策执行的效果和质量，探讨各种可行的改进措施，例如完善政策执行机制、提高执行者的素质和执行手段等。赛门（Herbert A. Simon）1947年出版了著作《行政行为》《组织行为》等为政策执行过程理论的发展提供了基础性的思想框架。他提出"有限理性""决策制定者"等重要概念，强调行政行为的复杂性和不确定性，指出政策执行过程中的各种行为会受到认知限制的影响。国内学者石磊在2010年的代表作《政策执行中的多重博弈问题研究》中提出政策实施过程中的多重博弈问题，并提出一种基于多重博弈的政策执行模型。张晓玲在2008年《政策反馈机制：政策执行评价的一个新视角》中提出政策反馈机制对政策实施进行评价的新视角，并运用案例分析方法验证了该理论的有效性。

政策执行过程理论的研究演变规律主要表现为从单纯描述与解释到理论建构和实证研究，由单一视角到多元化研究。政策执行过程理论的研究从最初的简单描述和解释，逐步深入到理论建构和实证研究的阶段。随着研究深入，学者们逐渐明确了政策执行的内在机制和影响因素，提出一系列政策执行理论模型和实证验证研究，使政策执行过程理论逐渐成为一门较为系统的学科。政策执行过程理论的研究趋势也从最初的单一视角转向多元化研究。

早期的政策执行研究主要关注决策制定和政策制定方面，随着研究深入，学者们开始关注政策执行过程中各个阶段和角色的行为特点和影响因素，逐渐确立了一个更加全面的政策执行研究视角。当前政策执行过程理论的研究热点主要集中在政策执行过程中出现的问题，如执行效果不佳、执行偏差、执行失灵等。政策执行过程中的评价问题，包括对政策执行过程的效果评价、过程评价和影响评价等。政策执行者的素质、能力和素养等。政策执行机制的多元化，包括社会参与、合作机制、绩效管理等方面，也逐渐成为政策执行过程理论研究的热点。

本书以政策执行过程理论为基础研究科技创新政策落实问题，基于该理论分析科技创新政策的执行涉及的技术领域专业人员、企业家、政府部门及各种组织和社会团体在科技创新政策执行中的角色、关系和权利，分析科技创新政策执行过程中的制度、文化及环境因素，以及这些因素对科技创新政策执行的影响，进而提出优化政策执行的建议，为优化政策执行过程和提高政策实施效果提供理论支持和实践指导。

2.2.3 政策网络理论

政策网络理论是近年来发展迅速的一门学科，其较为典型的发展过程和相关观念可以追溯到20世纪80年代。80年代末，政策网络理论逐渐兴起。保罗·萨巴蒂尔和汉克·詹金斯－史密斯（Paul Sabatier & Hank Jenkins－Smith，1988）提出"倡导联盟框架"（Advocacy Coalition Framework）理论，强调政策变革需要由倡导联盟来推动。随后，萨巴蒂尔（Sabatier，1993）等人进一步完善这一框架，并且在其后的研究中不断探索政策变革、政策学习、利益相关者等知识领域，将政策网络理论不断地完善和推进。

20世纪90年代，政策网络理论进一步扩展。大卫·玛什和罗德斯（David Marsh & R. A. W. Rhodes（1992）提出"制度联盟"（institutional alliance）的概念，指政策网络中不同利益相关者之间通过一系列规则和制度建立的合作关系，为政策网络理论的研究提供了新的思路。

沃尔特·J. 基克特（Walter J. Kickert，2001）在他的著作《制定公共政策：政策网络和民主体制》中将政策网络理论同民主理论相结合，探索了在民主视角下政策网络的构建、运作和效果。此时，政策网络理论不再仅仅是一个独立的领域，而是与相关领域相交融。

柯恩·威霍伊斯特和吉特·伯卡尔特（Koen Verhoest & Geert Bouck-aert，2011）通过案例研究了联邦国家政府组织的"联邦政府之间的网络"和"跨政府组织网络"，强调政府组织之间网络关系的不同类型和发展模式。其他学者还探讨了政策网络在社会资本、影响因素、协作创新等方面的应用和研究。

近年来政策网络理论在许多领域都有了广泛的应用，如用于分析环境保护政策中的利益相关者之间的互动和协作、研究城市规划政策中不同利益相关者之间的合作和竞争（Tang，2018）、分析财政政策制定和执行中多方利益相关者之间的协作关系和冲突、研究教育政策中学校、政府和其他相关机构之间的关系等。此外，政策网络理论也应用于环境保护、扶贫政策、教育管理等方面的研究。

本书以政策网络理论为基础，分析科技创新政策协同性和一致性，分析政策落实过程中不同政策、执行机构之间的相互作用，帮助政策执行者优化政策布局，增强落实过程中政策之间的协同作用。此外，基于政策网络理论分析政策落实过程中信息的传播和汇集，分析描述信息在政策网络中的传播路径、受众和效果，并分析这些因素对政策实施的影响。

2.2.4　政策生态系统理论

政策生态系统理论是一种新兴的政策理论，主要关注政策与制度之间的相互作用，并认为政策是由政策制定者、政策执行者、利益相关者和制度环境等要素共同构成的生态系统。政策生态系统理论通过对这些要素的研究，探讨政策产生、演变和执行的机制和影响因素。

政策生态系统理论的起源可追溯到斯蒂芬·斯摩克和迈克尔·德拉森达对"政策体系"（policy systems）的研究。政策生态系统理论主要强调制度要素对政策的影响，认为政策的演变和执行不仅取决于政策制定者和政策执行者，还受制度环境、利益相关者等多方面因素的影响。

相比其他政策理论，政策生态系统理论的独特之处在于它强调在政策连锁反应的过程中，各个政策间的相互关系和相互依存，将政策视为"系统"，提出了"政策复合体"（policy complex）的概念。政策复合体是指由政策、政策执行者、利益相关者、制度环境等要素共同构成的一个生态系统，它们之间相互作用，对各自的发展都产生着重要的影响。

政策生态系统理论为政策制定和执行提供了新的理论基础和方法，并逐步成为政策理论研究中一个重要的分支。未来研究需要更加关注政策复杂性和政策治理的问题，探索政策生态系统理论在不同政策领域的应用。

本书基于政策生态系统理论构建科技创新政策生态系统，用于科技创新政策落实研究。落实科技创新政策需要协调不同利益相关者之间的关系和协作，政策生态系统理论可以提供这些关系和协作的理论基础，并为政策实施者提供指导和支持。

2.2.5　社会认知理论

社会认知理论是一种解释人们对社会现象进行感知、理解和认知的理论。它关注个人与社会现象之间的关系，主张人们对社会现象进行感知、理解和认知时，受到人们所处的社会环境以及信息的选择和解释等多种影响因素。社会认知理论可以帮助人们从更广泛的角度了解社会现象，并为解释各种社会问题提供新思路。

社会认知理论最早起源于社会心理学领域，起源于 20 世纪 60 年代和 70 年代。代表人物主要是哈姆，他提出社会认知理论的初步概念，强调个人的感知、学习、记忆、决策、推理等基本认知过程对于人们对信息和现象的解释和理解至关重要。

20 世纪 80 年代和 90 年代，社会认知理论发展到一个阶段。代表人物主要是费茨等人，他们在哈姆的基础上进一步提出了社会认知理论的框架和模型，并强调了信息选择和解释对认知的影响。

20 世纪 90 年代末至今，社会认知理论进一步发展成为一个覆盖面更广、涉及更多领域的理论。代表人物包括雪洛特，他提出个体、组织和社会等不同层次的社会认知结构，并使用这一框架解释了社会认知的多个方面。

总之，社会认知理论的发展经历了多个阶段，其不断进化的框架为研究人员提供了解释人们如何理解和表述社会现象的有力工具。不同阶段的代表人物在研究中主要关注个人认知、环境选择和解释、社会认知结构等不同方面，为我们揭示了对社会现象的认识所存在的复杂性，并提供了丰富的研究范式和方法。

社会认知理论是一种解释人们对社会现象进行感知、理解和认知的理论。它强调人们对外界信息进行选择和解释时，受到个体的认知结构、所处的社会环境及信息来源、载体以及传递方式等多种影响因素。

当前，社会认知理论的应用领域非常广泛，主要集中在媒体与传播、广告营销、教育、政治和法律等领域。在媒体和传播领域，社会认知理论被广泛应用于理解新闻报道的主题、结构、语言和文本的意义。在广告营销领域，社会认知理论被用来优化广告设计和传播效力。在教育领域，社会认知理论则可以应用于优化教材和教学策略等方面。在政治和法律领域，社会认知理论主要被用来分析政治和法律决策、社会价值观和公共舆论的影响等。

本书以社会认知理论为基础，通过调查创新主体对科技创新政策的认知情况分析其对政策的了解、学习程度，为分析科技创新政策落实"最后一公里"提供了理论依据。

第3章 国家层面科技创新政策落实 "最后一公里" 数据分析

本章从国家层面对科技创新政策落实情况进行调查，通过 323 份调研数据，系统分析了创新主体对财税优惠类、科技金融类、技术研发类、人才队伍类、科技投入类、社会服务类和知识产权 7 类科技创新政策的政策认知、政策信息渠道来源、区域协同创新环境、政府响应以及对 7 类科技创新政策落实评价等方面的基本情况。

3.1 调查问卷设计及调查范围

本书所需要的数据通过调研问卷的方式采集。在参考相关文献的基础上，并结合科技型企业的特点，形成研究变量的测量项。在征求科技政策相关专家和企业管理专家对调研问卷的意见后，对调查问卷进行补充和修改。问卷分为 3 个部分，第 1 部分是企业基本信息，第 2 部分是企业对科技创新政策认知调查，第 3 部分是科技创新政策的落实情况调查。问卷采用 5 级量表进行量化。在河南省内进行了预调研，根据预调研的情况，进一步修改和完善问卷。最终，形成问卷终稿 2020 年 9—10 月在全国范围内进行调研，共回收有效问卷 323 份。

调查对象涉及 29 个省份。省份及数量分布为：河南省 17 家企业，北京 32 家企业，上海 30 家企业，广东 30 家企业，河北 24 家企业，浙江 21 家企业，四川 18 家企业，江苏 17 家企业，湖北 16 家企业，湖南 15 家企业，天津 15 家企业，重庆 15 家企业，陕西 9 家企业，福建 9 家企业，黑龙江 8 家企业，辽宁 7 家企业，山东 7 家企业，安徽、云南、内蒙古、吉林分别为 3 家企业，江西、海南各 2 家企业，甘肃、宁夏各 1 家企业，共计 323 家企业（见图 3 – 1）。

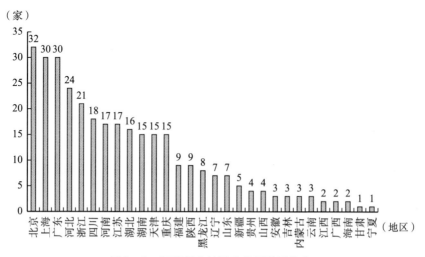

图 3 – 1 问卷调查涉及省份及数量分布

资料来源：根据问卷调查数据统计所得。

3.2 调查对象基本情况分析

这些企业中以民营企业为主，占 66.3%，国有及国有控股企业占 17.9%（见图 3 – 2）。从企业规模上看，本次调查中，小微企业数量占 58.21%，中型企业占 26.93%，大型企业占 14.86%（见图 3 – 3）。一方面调研这些创新主体在创新能力方面的情况，另一方面调研不同规模的创新主体对科技创新政策的认知情况，以及各类科技创新政策的落实情况。

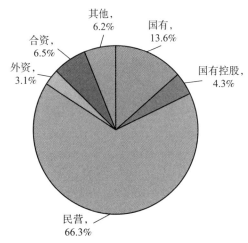

图 3-2 调查企业性质分布

资料来源：根据问卷调查数据统计所得。

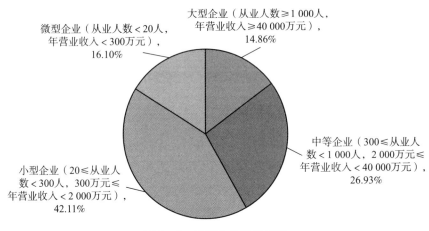

图 3-3 调查企业规模分布

资料来源：根据问卷调查数据统计所得。

从企业认证上看，获得高新技术企业认证的占21%，获国家级或省级创新型（试点）企业认证的占28%，获得科技型中小企业认证的占26%，上市公司占 2%，以上认证均没有的占 23%（见图 3 - 4），说明本次调查的企业有涉及高新技术产业的企业、对知识产权有一定要求创新型企业，有规模小但研发能力强的科技型中小企业，也有正处于上升空间的一般企业。这些企业对科技创新政策落实情况的调查，能够全面反映不同层次、不同规模的企业对政策的认知。

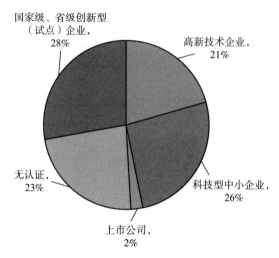

图 3 - 4　调查企业的认证情况分布

资料来源：根据问卷调查数据统计所得。

3.3　科技创新政策认知情况分析

企业对科技创新政策中财税优惠类政策的认知调查中，给出 4 分和 5 分的企业均超过了 50%。其中，对"高新技术/小微/技术先进型服务企业税收优惠政策"的高认知占 75% 以上，对"高新技术企业认证补贴政策"的高认知也达到 74% 以上，说明企业对这类财税优惠政策的了解程度较高，这与近年来我国大力推进企业认证制度是分不开的。而相对"研发加计扣除"政策的高认知为 71%，这说明在鼓励企业从事研发活动的同时，要进一步提高企业对该类政策的认识程度。总体而言，对财税优惠类科技创新政策的高认知比例达到73%（见图3-5）。

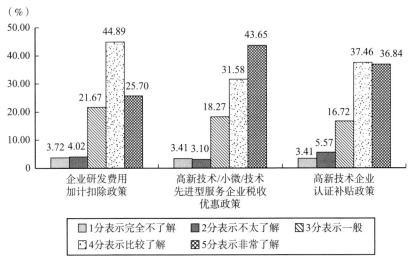

图3-5　企业对财税优惠类政策认知情况

资料来源：根据问卷调查数据统计所得。

在科技金融类政策认知方面，对"中小企业信用担保政策"高认知比例相对较高，占73%。说明在实务中中小企业信用贷款的活动较多，对该类政策的关注程度较高。对"高新技术企业科技保险政策、农业保险政策"的高认知比例相对较低，占57%，说明企业参与科技保险活动少，对该类政策认知度低。"高新技术企业、涉农企业贷款优惠政策"和"科技型中小企业技术创新基金及投资引导基金政策"高认知分别为69%和71%。总体而言，对科技金融类政策的高认知占68.03%（见图3-6）。

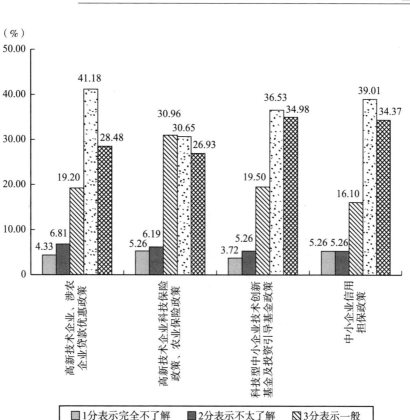

图 3 - 6　企业对科技金融类政策认知情况

资料来源：根据问卷调查数据统计所得。

在技术研发类政策认知方面，呈现出较高认知的结果，结果表明，反映企业对科技创新政策中技术研发类政策的高关注与高认知。尤其是直接关系到企业的技术创新的政策，高认知达到了 79.57%。可见，科技型企业对技术创新较为重视，对该领域中的相关政策认知度高。具体而言，对"技术发展规划政策"的高认知为 76.17%，对"技术标准化政策"的高认知为 75.86%，对"技术创新政策"的高认知为 79.57%，对"技术推广政策"高认知为 78.32%。总体而言，对技术研发政策的高认知达到了 77.48%（见图 3 - 7）。该类政策的高认知反映了企业在发展中对技术研发活动的重视。

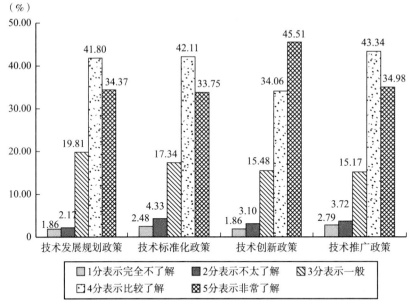

图3-7 企业对技术研发类政策认知情况

资料来源：根据问卷调查数据统计所得。

在科技投入类政策认知方面，对"中央财政科技计划（专项、基金）管理政策"高认知为76.17%，对"科研机构和体制改革政策"高认知为71.52%，对"科技基础设施投资政策"高认知为77.4%，对"科技经费投入政策"高认知为78.64%。总体而言，对科技投入类政策高认知为74.85%。该类政策高认知均为70%以上，说明企业在从事科技创新活动中较多关注基础设施、经费等科技投入政策，对此类政策的认知率较高（见图3-8）。

在科技人才类政策认知方面，对"人才引进政策"的高认知为81.42%，对"人才评价和激励政策"高认知为77.7%，对"人才培训和教育政策"高认知为81.42%。总体而言，对科技人才类政策的高认知达到80.18%，呈现出较高水平（见图3-9）。在7类政策认知情况的调查中，科技人才类政策高认知比例最大，反映出企业在从事科技创新活动中对人才重视。

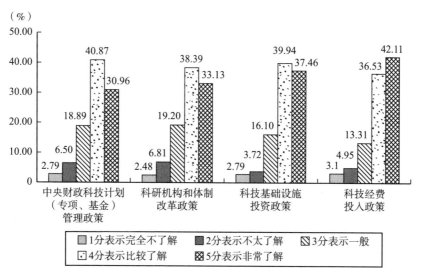

图 3 - 8　企业对科技投入类政策认知情况

资料来源：根据问卷调查数据统计所得。

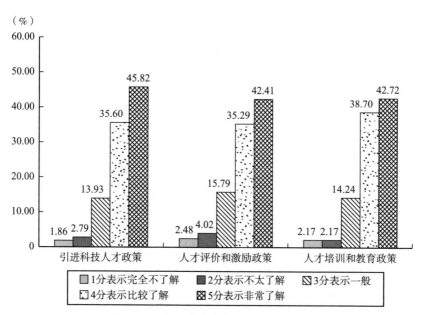

图 3 - 9　企业对科技人才政策认知情况

资料来源：根据问卷调查数据统计所得。

在社会服务类政策认知方面,对"高新技术企业、创新型企业认定政策"高认知为76.78%,对"科技中介服务政策"高认知为56.35%,对"科技园区、开发区、示范区等基地平台政策"高认知为73.68%。这三种政策的认知调查中反映出较大差距,"科技中介服务政策"认知程度不高,而"高新技术企业、创新型企业认定政策"认知程度较高,反映出国家对各类企业认知制度的发展和完善对企业认知起到了一定的推动作用。总体而言,社会服务类政策高认知仅为68.94%,与其他类型政策高认知水平相比具有一定差距(见图3-10)。

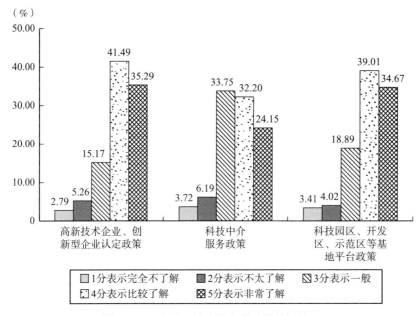

图3-10 企业对社会服务类政策认知情况

资料来源:根据问卷调查数据统计所得。

在知识产权类政策认知方面,对"新技术、新产品、新服务等产权保护政策"高认知为82.35%,对"科技成果转化政策"高认知为75.23%。说明所调查企业从事新技术、新产品、新服务等产权服务活动较多,参与的科技成果转化活动较多,对知识产权类政策的总体认知程度较高。总体而言，企业对知识产权类政策高认知达到 78.79%（见图 3 - 11）。

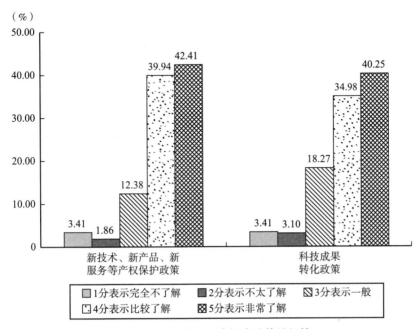

图 3 - 11　企业对知识产权类政策认知情况

资料来源：根据问卷调查数据统计所得。

比较 7 类科技创新政策认知程度高低情况，首先，科技人才类政策认知最高，其次是知识产权类，而技术研发类政策认知与知识产权类相差不大。说明在技术创新功能中，企业对人才和研发两方面的政策认知程度较高。在社会公共服务功能中，企业对知识产权类政策认知程度较高。社会服务类和科技金融类政策认知程度较低。从另一方面也体现出企业的关注点在人才、知识产权和技术（见图 3 - 12）。

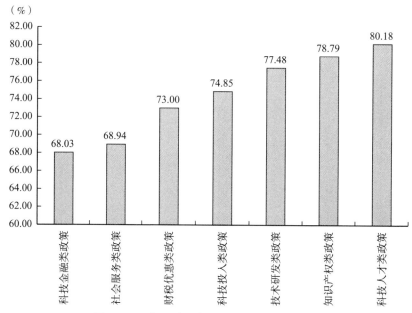

图 3－12　企业对 7 类科技创新政策认知情况

资料来源：根据问卷调查数据统计所得。

3.4　企业获取政策信息渠道分析

　　企业获取科技创新政策信息的渠道调查表明，通过上级行政部门组织学习的占比为 61.3%，公司内部自学安排学习的占比为 73.37%，通过同行交流学习的占比为 68.73%，通过社会媒体获取信息的占到 41.8%（见图 3－13）。在渠道获取上，形成以企业自主、同行交流学习为主，以政府组织为辅，以社会媒介宣传为补充的政策信息渠道的基本格局，体现了科技型企业重自我学习、重同行交流的基本特点。

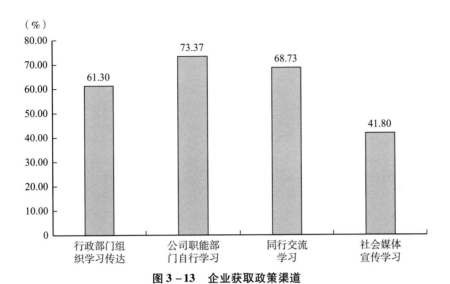

图 3 – 13　企业获取政策渠道

资料来源：根据问卷调查数据统计所得。

3.5　协同创新环境分析

科技创新政策落实"最后一公里"不仅和企业对科技创新政策的认知、企业的创新能力有关，与区域协同创新环境也有着密切联系。在调查中，协同创新环境呈现出区域性特征。

东部地区：80.77% 的企业认为当地协同创新环境较好，协同创新环境得分为 3.9 分。中部地区：76.26% 的企业认为当地协同创新环境较好。西部地区：72.96% 的企业认为当地协同创新环境较好。中西部协同创新环境得分均为 3.8 分。东部地区在协同创新环境方面的评价明显高于中部地区和西部地区，说明东部和中西部地区在协同创新环境方面存在较大差异。整体而言，78.53% 的企业认为协同创新环境较好（见图 3 – 14）。

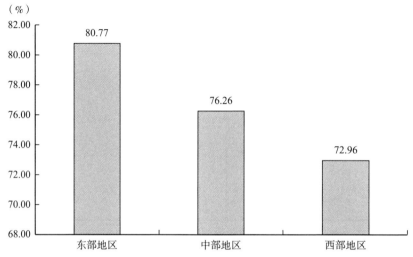

图 3-14   区域协同创新环境评价

资料来源：根据问卷调查数据统计所得。

3.6   政府响应分析

政府响应是政府对创新活动的反映，政府通过为创新主体提供技术指导、咨询或推广服务等方式，助力创新主体的创新活动。政府响应越积极，能够为创新主体提供更为开放包容的创新环境，在此环境下，对科技创新政策落实更有利。

调查结果显示，东部地区有 77.99% 的企业认为政府响应较为积极，中部地区有 71.69% 的企业认为政府响应较为积极，西部地区有 69.60% 的企业认为政策响应较为积极。从全国来看，75.29% 的企业认为政府响应较为积极（见图 3-15）。

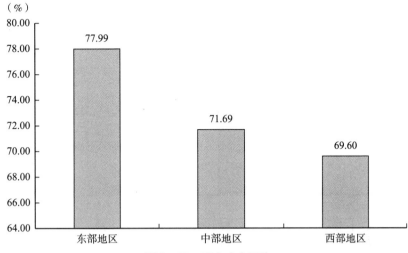

图 3 - 15　政府响应评价

资料来源：根据问卷调查数据统计所得。

3.7　科技创新政策落实评价情况分析

科技创新政策落实评价采用 5 分量表衡量，4 分和 5 分代表企业对落实情况同意和完全同意。根据调查问卷反映的情况，78.33% 的企业认为财税优惠政策落实较好，75.54% 的企业认为财政补贴政策落实较好。总体而言，76.95% 的企业认为财税优惠类政策落实较好（见图 3 - 16）。

对科技金融类政策落实评价的调查表明，72.55% 的企业认为"现行企业贷款优惠政策稳定性高"，67.49% 的企业认为"现行企业信用担保政策落实较好"，52.63% 的企业认为"获得银行贷款较为容易"，60.37% 的企业认为"有多种畅通的融资渠道"。4 项政策落实情况横向比较，表明以贷款政策为代表的融资政策的落实有待提高。总体而言，63.26% 的企业认为科技金融类政策落实较好（见图 3 - 17）。

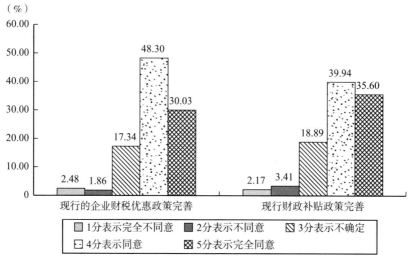

图 3 – 16　财税政策落实评价

资料来源：根据问卷调查数据统计所得。

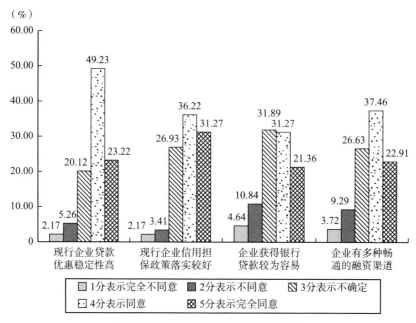

图 3 – 17　科技金融类政策落实评价

资料来源：根据问卷调查数据统计所得。

对技术研发类政策落实评价的调查表明，73.37%的企业认为"当前科技政策领域中有健全的技术标准"，56.97%的企业认为"与当地科研院所间的技术合作频繁"，67.49%的企业认为"政府财政对企业技术创新项目进行补贴"。总体而言，65.94%的企业认为技术研发类政策落实较好（见图3-18）。

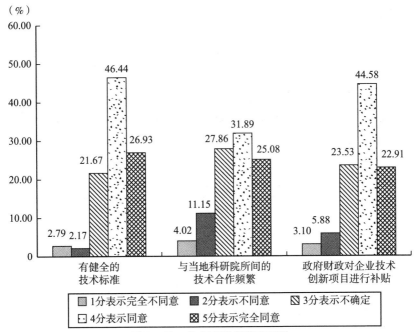

图 3-18　技术研发类落实评价

资料来源：根据问卷调查数据统计所得。

对科技投入类政策落实评价的调查表明，60.99%的企业认为"财政科技计划充足"，56.25%的企业认为"本地科技基础设施适合企业发展"，59.44%的企业认为"科研机构精简高效"，67.80%的企业认为"政府对企业信息化建设给予补助"。总体而言，61.12%的企业认为科技投入类政策落实较好（见图3-19）。

对科技人才类政策的落实评价的调查表明，69.97%的企业认为"引进高科技人才容易"，65.32%的企业认为"人才流动频繁"，60.99%的企业认同"政府组建人才测评与推荐中心"。总体而言，60.16%的企业认为科技人才类政策落实较好（见图3-20）。

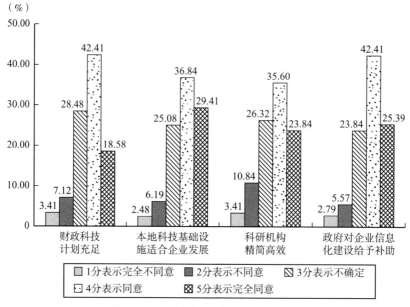

图 3-19　科技投入类政策落实评价

资料来源：根据问卷调查数据统计所得。

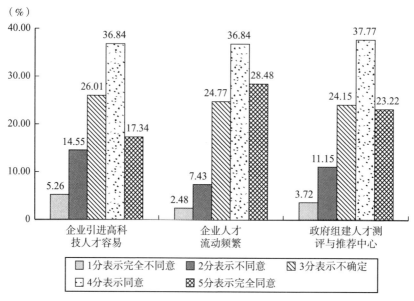

图 3-20　科技人才类政策落实评价

资料来源：根据问卷调查数据统计所得。

　　对社会服务类政策落实评价的调查表明，73.07% 的企业认为"创办企业服务中心、企业孵化器等科技中介服务对企业帮助大"，66.26% 的企业认为"建设科技园区、农业园区、开发区、示范区等基地平台对企业帮助大"。总体而言，69.67% 的企业认为社会服务类政策落实较好（见图 3 – 21）。

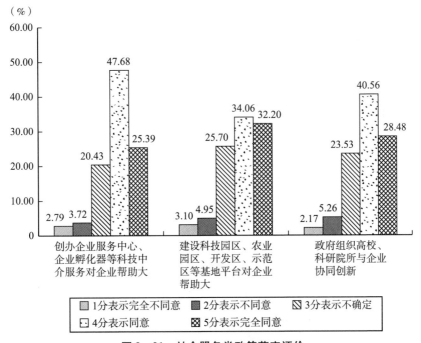

图 3 – 21　社会服务类政策落实评价

资料来源：根据问卷调查数据统计所得。

　　对知识产权类政策落实评价的调查表明，69.97% 的企业认为"发明专利等新产品、新技术的产权保护力度大"，68.11% 的企业认为"技术交易、技术市场等成果转化平台完善"，58.21% 的企业认为"技术成果转化便利"，63.78% 的企业认为"企业申请知识产权维权保护比较容易"。总体而言，65.02% 的企业认为知识产权类科技创新政策落实较好（见图 3 – 22）。

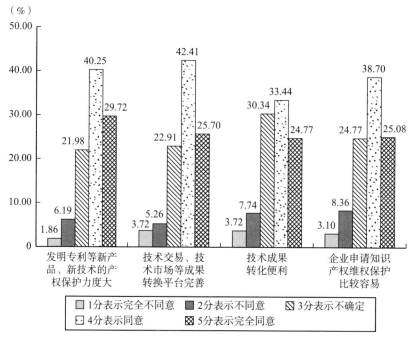

图 3－22　知识产权类政策落实评价

资料来源：根据问卷调查数据统计所得。

首先，比较 7 类科技创新政策的落实评价，落实情况评价最高的政策为财税优惠类政策，这与 2023 年来国家在财政补贴和税收优惠方面给予创新企业的政策是分不开的。其次，是社会服务类政策，尤其表现为社会服务类政策中的企业服务中心、企业孵化器等科技中介服务方面的政策落实得到 73% 以上的企业认可。技术研发类和知识产权类政策落实的情况基本持平，在 65% 左右。近年来，科技人才类政策颁布较多，但是科技人才类政策落实情况最低，仅 60.16%。这与企业对科技人才类政策的高认知形成鲜明对比，而企业对这类政策的高期望值也可能是造成对该类政策落实低评价的原因（见图 3－23）。

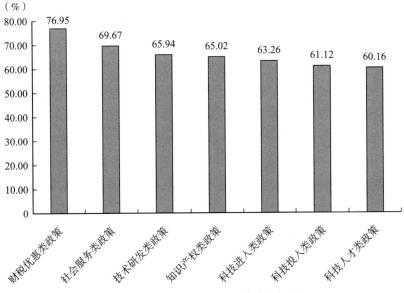

图 3 - 23　7 类科技创新政策落实评价

资料来源：根据问卷调查数据统计所得。

综上所述，本章基于 323 份全国调研数据，从国家层面系统分析了科技创新政策落实现状。在政策认知方面，调研对象对科技创新政策认知程度由高到低依次为：科技人才类政策、知识产权类政策、技术研发类政策、科技投入类政策、财税优惠类政策、社会服务类政策和科技金融类政策。在政策信息渠道方面，形成以企业自主、同行交流学习为主，以政府组织为辅，以社会宣传为补充的基本格局。在创新协同环境及政府响应方面，按高低排名依次为东部、中部、西部。对 7 类科技创新政策落实评价由高到低依次为：财税优惠类政策、社会服务类政策、技术研发类政策、知识产权类政策、科技金融类政策、科技投入类政策和科技人才类政策，形成政策认知与政策落实评价非对称关系。

第4章 省域层面科技创新政策落实"最后一公里"数据分析

本章运用政策文本分析方法对河南省科技创新政策的供给现状进行分析。以河南省为例从省域层面分析科技创新政策落实"最后一公里"现状，分别从企业和高校两个角度进行调研，为"最后一公里"问题的研究提供数据基础。

4.1 河南省科技创新政策供给现状分析

政策供给是开展创新活动的基础和保障，也是政策落实的起点。本章围绕河南省科技创新政策供给现状分析，主要从供给主体、供给内容两个方面分析。

4.1.1 政策供给主体分析

通过在河南省人民政府网、河南省科技厅、河南省财政厅等网站上收集2005—2021 年的"科技创新"有关的政策，共计 128 条（见图 4 – 1）。

河南省人民政府参与制定政策 57 条、河南省科技厅参与制定政策 54 条，省财政厅参与制定政策 22 条、省教育厅参与制定政策 7 条、河南省人民代表大会常务委员会参与制定政策 2 条。数据统计情况见图 4 – 2。

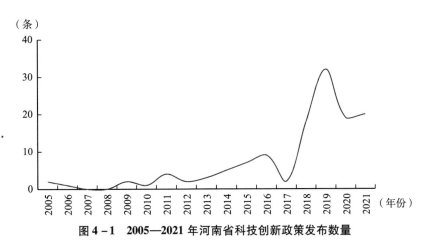

图 4 – 1 2005—2021 年河南省科技创新政策发布数量

资料来源：根据调查资料统计所得。

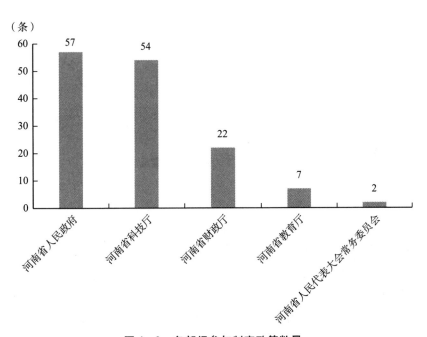

图 4 – 2 各部门参与制定政策数量

资料来源：根据调查资料统计所得。

在 57 条科技政策中，由河南省人民政府单独制定的有 52 条；在 54 条科技政策中，由省科技厅单独制定的有 29 条；在 22 条科技政策中，由省财政厅单独制定的有 2 条；河南省人民代表大会常务委员会单独制定的有 2 条。数据统计情况见图 4 - 3。

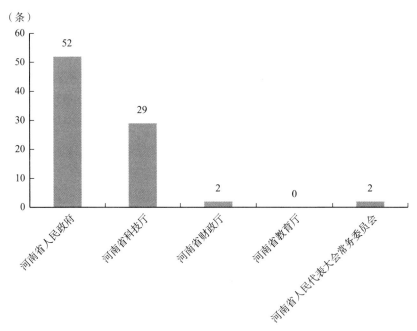

图 4 - 3　单独制定政策数量

资料来源：根据调查资料统计所得。

由河南省科技厅、财政厅参与制定的政策总数为 19 条，两厅单独制定政策数为 11 条；河南省科技厅、教育厅参与制定的政策总数为 6 条，两厅单独制定政策数为 3 条；河南省财政厅、教育厅参与制定的政策总数为 5 条，两厅单独制定政策数为 1 条。数据统计情况如图 4 - 4 和图 4 - 5 所示。

通过政策供给主体分析，河南省科技创新政策供给的主要部门是河南省人民政府、河南省科技厅、河南省财政厅和河南省教育厅。这 4 个政策供给主体通过颁布科技创新政策配置科技资源，促进地方科技创新发展。在政策供给方面，河南省人民政府单独发文为其特点，为地方科技创新发展定下主基调。省科技厅单独发文占到联合发文的半数以上，说明省科技厅仍然是科技政策供给的主体部门。省科技厅参与的政策制定大多有关科技投入、技术研发。省财政厅参与的政策制定大多有关社会服务、金融支持、财税优惠。省教育厅参与政策制定大多有关人才队伍、知识产权、技术研发。由多厅联合制定的政策主要针对农业科技园区、高新技术企业、高校科研院方面。

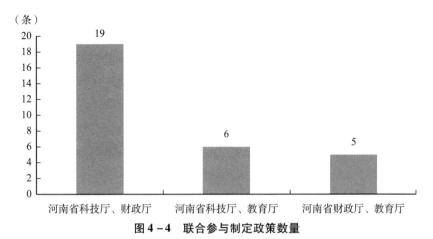

图 4 - 4　联合参与制定政策数量

资料来源：根据调查资料统计所得。

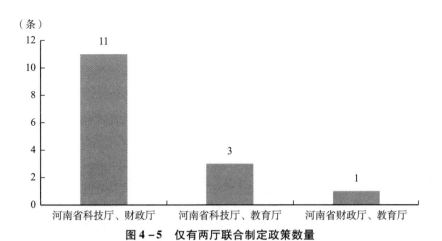

图 4 - 5　仅有两厅联合制定政策数量

资料来源：根据调查资料统计所得。

在联合发文上，省科技厅和省财政厅参与发文有 19 个，两厅联合发文数量为 11 个，说明两个职能部门在科技资源和财政资源配置方面的合作密切，体现为科技财政税收类政策、科技金融类政策和科技投入类政策。

4.1.2　政策供给内容分析

按照科技创新政策实施机制三维分析框架，将 128 条科技政策分为财税优惠、科技金融、技术研发、科技投入、科技人才、社会服务 6 类。其中各类政策数量情况如图 4-6 所示。

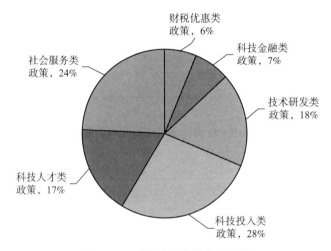

图 4-6　政策内容供给分布比例

资料来源：根据调查资料统计所得。

财税优惠类政策总共有 8 个，在所有政策中占比为 6%。财政优惠政策内容涵盖研究开发财政补助、科研设备共享补贴和科技创新项目资金管理等。

科技金融支持类政策共 9 个，占比为 7%。科技金融政策内容涵盖融资与科技创新、科技贷等。

技术研发类政策共 23 个，占比 18%。技术研发类政策内容涵盖新型研发机构建设、企业研发中心建设、技术专业体系建设和技术装备目录等。

科技投入类政策共 35 个，占比为 27%。科技投入类政策内容涵盖基础设施建设、实验室和创新中心建设、科研项目管理与经费投入等。在 6 类政策中，科技投入类政策供给数量最多，说明河南省科技创新政策在科技投入方面的供给数量多、力度大，以基础设施和基础条件建设为抓手为科技创新活动提供基本保障。

科技人才类政策共 22 个，占比为 17%。科技人才类政策内容涵盖科技人才评价与激励、人才引进等。

社会服务类政策共 31 个，占比为 24%。社会服务类政策内容涵盖郑洛新国家自主创新示范区建设、科技园区建设与管理、科技服务、高企培育、万人助万企等。社会服务类政策供给占比较多，说明河南省科技创新政策注重社会服务功能，以平台建设构建科技创新生态系统，以主体培育推进企业创新能力提升，为科技创新活动营造良好的科技创新环境。

河南省科技创新政策供给内容中没有知识产权类政策，主要原因是涉及新技术、新品种等产权保护政策主要是国家层面的政策。因此，在对省级政策归纳中并没有知识产权类政策。

4.2　河南省企业落实科技创新政策"最后一公里"调研分析

4.2.1　对国家级科技创新政策认知分析

通过调研，河南省以企业为代表的创新主体对科技创新政策认知的情况为财税优惠类政策方面，创新主体对"研发加计扣除政策"的高认知比例为 76.47%，高于全国高认知平均 71%，低于中部地区高认知平均水平 77.19%。对"高新技术企业及小微企业财税优惠政策"的高认知比例为 82.36%，高于全国高认知平均水平 75%，低于中部地区高认知平均水平

87.71%。对"高新技术企业补贴政策"高认知水平为76.47%，高于全国高认知水平74%。由此可见，河南省创新主体对财税优惠类政策整体认知程度高于全国高认知平均水平，尤其是"高新技术企业补贴政策"的认知水平处于全国高认知的前列。

在科技金融类政策认知方面，河南省创新主体对"高新技术企业贷款优惠政策"高认知比例为70.59%，高于全国高认知平均水平69%，低于中部地区高认知平均水平77.19%。对"高新技术企业科技保险政策"高认知比例为41.18%，相比全国高认知平均水平57%，相差较大。对"科技型中小企业技术创新基金及投资引导基金政策"高认知比例为76.47%，高于全国高认知平均水平71%。对"中小企业信用担保政策"高认知比例为70.59%，低于全国高认知平均水平73%。

在技术研发类政策认知方面，对"技术发展规划政策"高认知比例为70.59%，低于全国高认知平均水平76.17%，对"技术标准化政策"的高认知占比为76.47%，高于全国高认知水平75.86%。对"技术创新政策"的高认知占比为58.82%，明显低于全国高认知水平79.57%。对"技术推广政策"高认知比例为58.72%，明显低于全国高认知水平78.32%。

在科技投入类政策认知方面，对"中央财政科技计划（专项、基金）管理政策"高认知比例为74.63%，低于全国高认知平均水平76.17%。对"科研机构和体制改革政策"高认知占比为82.35%，明显高于全国高认知平均水平71.52%。对"科技基础设施投资政策"高认知比例为58.82%，明显低于全国高认知平均水平77.4%。对"科技经费投入政策"高认知占比为82.35%，高于全国高认知平均水平78.64%。

在科技人才类政策认知方面，对"人才引进政策"的高认知比例为88.24%，高于全国高认知平均水平81.42%。对"人才评价和激励政策"高认知比例为70.59%，低于全国高认知平均水平77.7%。对于"人才培训和教育政策"高认知比例为58.82%，明显低于全国高认知平均水平81.42%。

在社会服务类政策认知方面，对"高新技术企业、创新型企业认定政策"高认知比例为76.47%，与全国高认知平均水平基本持平，对"科技中介服务政策"高认知占比为41.18%，明显低于全国高认知平均水平

56.35%。对"科技园区、开发区、示范区等基地平台政策"高认知比例为64.71%，低于全国高认知平均水平73.68%。

在知识产权类政策认知方面，对"新技术、新产品、新服务等产权保护政策"高认知比例为76.4%，低于全国高认知平均水平82.35%。对"科技成果转化政策"高认知比例为70.59%，低于全国高认知平均水平75.23%。

以企业为代表的创新主体对科技创新政策认知情况详见表4-1。

表4-1　　　　以企业为代表的创新主体对科技创新政策认知

具体政策	全国	东部	中部	西部	河南
研发加计扣除政策高认知占比	71.00%	70.73%	77.19%	63.93%	76.47%
高新技术、小微企业财税优惠政策高认知占比	75.00%	72.68%	87.71%	72.13%	82.36%
高新技术企业补贴政策高认知占比	74.00%	74.60%	75.44%	72.13%	76.47%
高新技术企业贷款优惠政策高认知占比	69.00%	68.78%	77.19%	65.57%	70.59%
高新技术企业科技保险政策高认知占比	57.00%	58.53%	59.65%	52.46%	41.18%
科技型中小企业技术创新基金及投资引导基金政策高认知占比	71.00%	69.76%	77.19%	72.13%	76.47%
中小企业信用担保政策高认知占比	73.00%	71.22%	75.44%	78.69%	70.59%
技术发展规划政策高认知占比	76.17%	78.54%	82.46%	62.30%	70.59%
技术标准化政策高认知占比	75.86%	74.63%	82.46%	73.77%	76.47%
技术创新政策高认知占比	79.57%	80.98%	75.44%	78.69%	58.82%
技术推广政策高认知占比	78.32%	80.98%	77.19%	70.49%	58.82%
中央财政科技计划（专项、基金）管理政策高认知占比	76.17%	74.63%	75.44%	59.02%	70.59%
科研机构和体制改革政策高认知占比	71.52%	71.22%	80.70%	63.93%	82.35%
科技基础设施投资政策高认知占比	77.40%	79.02%	80.70%	68.85%	58.82%
科技经费投入政策高认知占比	78.64%	80.00%	85.96%	67.21%	82.35%

具体政策	全国	东部	中部	西部	河南
对人才引进政策高认知占比	81.42%	81.46%	87.72%	75.41%	88.24%
对人才评价和激励政策高认知占比	77.70%	77.56%	82.46%	73.77%	70.59%
对人才培训和教育政策高认知占比	81.42%	85.85%	78.95%	68.85%	58.82%
高新技术企业、创新型企业认定政策高认知占比	76.78%	79.51%	78.95%	65.57%	76.47%
科技中介服务政策高认知占比	56.35%	57.07%	59.65%	50.82%	41.18%
科技园区、开发区、示范区等基地平台政策高认知占比	73.68%	75.12%	77.19%	65.57%	64.71%
新技术、新产品、新服务等产权保护政策高认知占比	82.35%	83.90%	89.47%	70.49%	76.47%
科技成果转化政策高认知占比	75.23%	75.61%	78.95%	70.49%	70.59%

将河南省企业对科技创新政策认知和全国、东部地区、中部高认知平均水平相比，财税优惠类政策整体高认知水平都高于全国平均水平。科技金融类政策中"科技保险政策"和"信用担保政策"高认知平水平低于全国平均水平。技术研发类政策中"技术规划政策""技术创新政策"和"技术推广类政策"高认知水平低于全国平均水平。科技投入类政策中"科技计划政策"和"科技基础设施政策"高认知水平低于全国平均水平。科技人才类政策中"人才评价和激励政策"和"人才培训与教育政策"高认知水平都低于全国平均水平。而社会服务类政策和知识产权类政策高认知水平都低于全国平均水平。政策认知程度不高在一定程度上直接影响了政策落实。

由此可见，河南省创新主体对国家级科技创新政策的认知程度在财税优惠政策方面表现突出，在"研发加计扣除政策""高新技术/小微/技术先进型服务企业税收优惠政策"和"高新技术企业补贴政策"方面的认知程度较高。科技金融类政策中，对"高新技术企业贷款优惠政策"和"科技型中小企业技术创新基金及投资引导基金政策"的认知程度较高。技术研发类政策中，只有"技术标准化政策"认知高于全国平均水平。科技投入类政策中"科院机构改革政策"和"科研经费投入政策"认知高于全国平均水平。科技人才类政策中只有"人才引进政策"认知高于全国平均水平。

4.2.2　对先行先试科技创新政策认知分析

为进一步分析创新主体对科技创新政策认知的情况。课题组实地走访了河南电池研究所、华兰生物股份有限公司、河南科隆集团、新乡大数据产业园、河南正大航空工业股份有限公司、卫华集团、新乡市高新区火炬园（国家级孵化器）、万华生命科学产业园、河南天丰绿色装配集团、丽晶美能电子技术有限公司、焦作市康利达产业园、焦作市鑫诚怀药有限公司、河南旭百瑞生物科技股份有限公司、河南旭瑞食品有限公司、洛阳农林科学院、河南浩迪农业科技有限公司、河南耕誉农业科技有限公司、河南麦佳集团股份有限公司等。通过实地走访和座谈，了解企业科技创新活动、科技创新政策认知和政策落实情况。

此外，课题组选取郑洛新国家自主创新示范区内新乡片区的企业对先行先试政策的落实情况进行问卷调查，2020 年 11—12 月开展调研，共收集有效数据 299 份，主要《新乡高新区科技金融"科技贷"业务管理办法（试行）》《新乡高新区关于推动企业提升自主创新能力奖励办法（试行）》《新乡高新区科技创新券实施管理办法（试行）》《新乡高新区促进生命科学和生物技术产业发展奖励办法（试行）》《新乡高新区创新技能人才奖评选办法（试行）》5 部先行先试政策认知情况和落实情况进行调查。

4.2.2.1　样本基本情况

样本数据 299 家，其中，民营企业 281 家，占比为 93.98%。国有企业 12 家，国有控股 3 家，合资企业 2 家，外资企业 1 家。各类企业占比情况如图 4 - 7 所示。

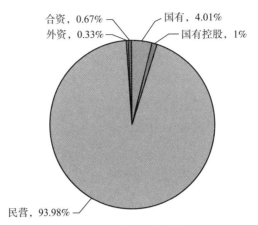

图4-7 样本企业性质分布

资料来源：根据调查问卷数据统计所得。

从企业规模上看，微型企业居多，共178家，占比为58.86%。小型企业104家，占比为34.78%。中型企业12家，占比为4.01%。大型企业7家，占比为2.34%（见图4-8）。

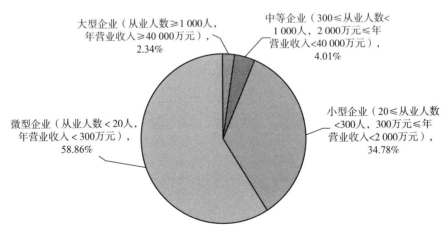

图4-8 样本企业规模比例

资料来源：根据调查问卷数据统计所得。

高新技术企业 90 家，占总样本量的 30%。其中，国家级高新技术企业 67 家，占高新技术企业的 74.44%，省级高新技术企业 14 家，占高新技术企业的 15.56%，市级高新技术企业 9 家，占高新技术企业的 10%（见图 4 - 9）。

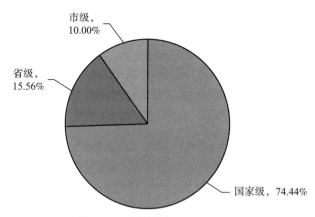

图 4 - 9　高新技术企业级别比例

资料来源：根据调查问卷数据统计所得。

创新型企业 13 家，占总样本量的 4.35%，其中，国家级创新型企业 3 家，省级创新型企业 6 家，市级创新型企业 4 家。

4.2.2.2　先行先试政策认知情况

调查显示，299 家企业对科技贷政策了解的占比为 64.5%，对推动企业提升自主创新能力奖励办法了解的占比为 69.2%，对科技创新券政策了解的占比为 59.5%，对创新技能人才奖评选办法了解的占比为 59.5%（见图 4 - 10）。而对促进生命科学和生物技术产业发展奖励办法了解得不多，可能是调研企业主要是非生物技术产业的企业，对此领域的奖励政策了解不多。

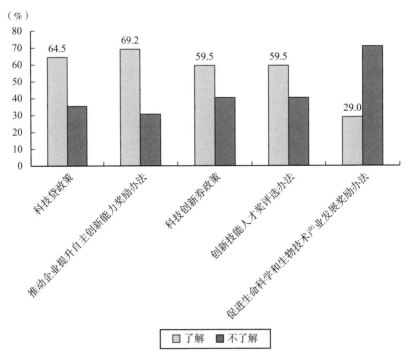

图 4 - 10　先行先试政策认知情况

资料来源：根据调查问卷数据统计所得。

4.2.3　河南省企业创新活动类型分析

从企业从事创新活动的类型上看，比例较高的前三项为："由本企业自行开展科技研发活动"占比为 74.58%，"申请、注册专利、软件著作权、版权、设计权或新药证书、植物新品种"占比为 53.18%，"为实现产品（服务）创新或工艺创新而进行人员培训"占比为 40.8%。说明在开展创新活动时，企业更倾向于单独进行，而和外部机构（如其他企业、科研院所或高等院校等）或利用外部资源（如财政资金资助项目、委托境外机构或个人）共同进行创新活动比例相对较少，如"为开展技术创新活动临时聘用外部研究人员、技术工人"占比为 23.75%，"本企业独自、牵头或参与承担各类财政资金资助的科技项目"只占 7.02%，"由本企业出资委托境外机构或个人进行研发活动"仅为 1.67%（见图 4 – 11）。

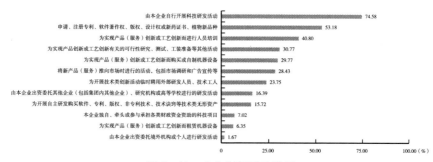

图 4 – 11　企业创新活动类型

资料来源：根据调查问卷数据统计所得。

阻碍企业从事创新活动的原因主要集中于创新成本因素、人才制约、资金制约和市场风险。具体表现为"创新费用方面成本较高""缺乏技术人员或技术人员流失""缺乏来自企业外部的资金支持""缺乏技术和市场信息"等（见图 4 – 12）。

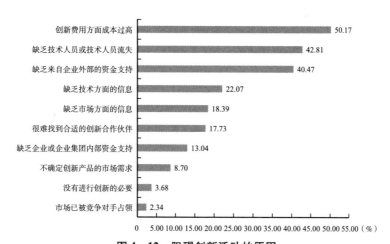

图 4 – 12　阻碍创新活动的原因

资料来源：根据调查问卷数据统计所得。

4.2.4 河南省企业政策信息渠道分析

在政策信息渠道获取方面，河南省内企业对省级科技创新政策获取比例较高的是主管部门举办的政策宣讲会、微信公众号等社交平台（见图4－13）。

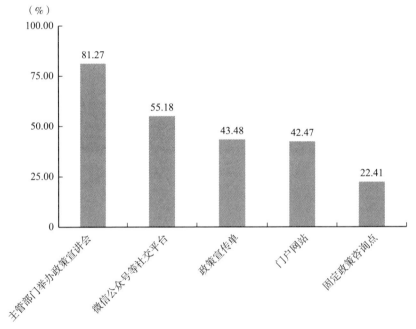

图4－13 政策信息渠道来源

资料来源：根据调查问卷数据统计所得。

4.2.5 河南省企业视角的协同创新环境分析

在区域协同创新环境的调查中，55％的调查对象认为河南省创新协同环境较好，协同创新环境得分为3.5分，低于中部地区协同创新平均分3.8分。虽超半数的企业对河南省协同创新环境评价较好，但

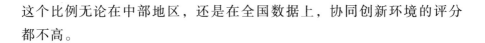

这个比例无论在中部地区，还是在全国数据上，协同创新环境的评分都不高。

4.2.6　河南省企业视角的政府响应分析

在政府响应的调查中，58.06% 的企业认为政府响应较为健全，平均得分为 3.6，稍低于全国平均分 3.7。全国数据显示，75.29% 的企业认为政府响应较为积极，中部地区为 71.69% 的企业认为政府响应较为积极。由此可见，调查对象对区域政府响应的评价不高。

4.2.7　申请意愿与政策认知比较分析

调查显示，企业申请意愿较高的政策是自主创新能力奖励政策，申请企业数量占了解该政策总数的 57.49%，说明该政策的普适性较高，受众企业广泛。该政策的享受比例也较高，享受该政策的企业数量占申请总数的 82.35%。其次，科技创新券政策，申请企业数量占了解该政策总数的 39.33%，享受该政策的企业数量占申请总数的 71.43%，说明该政策申请后审核通过率也较高。值得注意的是科技贷政策的申请数量占了解该政策总数的 12.95%，说明企业对该政策申请意愿不高，而该政策受益比例占申请比例的 48%，说明申请后审核通过率近一半（见图 4 – 14）。"创新技能人才奖评政策"和"生命科学和生物技术产业发展奖励政策"的申请比例不高，很大的原因是这两项政策具有针对性，一个是对具有较高创新能力的人才的奖励，一个是针对生命科学和生物技术产业的奖励。对比这两项政策在享受企业数量占申请数量之比，"生命科学和生物技术产业发展奖励政策"享受企业数量占申请数量之比为 47.62%，而"创新技能人才奖评政策"享受企业数量占申请数量之比仅为 17.02%，说明创新领域仍然缺乏高技能人才（见图 4 – 15）。

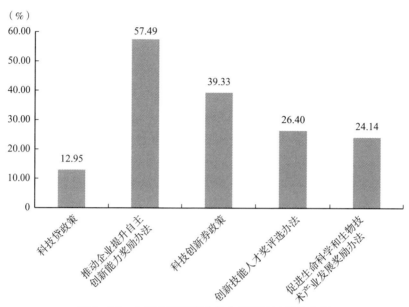

图 4 - 14　申请政策优惠企业占了解该政策的比例

资料来源：根据调查问卷数据统计所得。

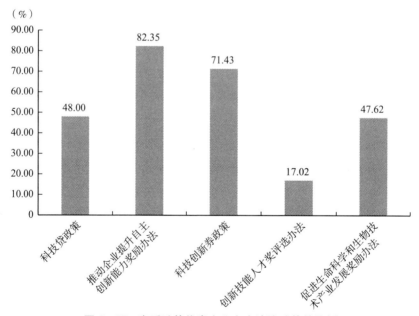

图 4 - 15　享受政策优惠企业占申请该政策的比例

资料来源：根据调查问卷数据统计所得。

4.3　河南省高校落实科技创新政策"最后一公里"调研分析

为摸清科技创新政策在河南省高校落实情况，2022 年 7—8 月课题组梳理了近五年国家层面的科技创新政策和近十年河南省域层面的科技创新政策。在对政策文本认真研读、领会政策精神的基础上，按政策内容主题进行分类整理，形成 8 类科技创新政策，分别为创新环境政策、创新主体政策、创新平台政策、创新人才政策、创新载体政策、科技成果转化政策、科技金融政策和知识产权政策。高校创新活动的开展是以科研人员为核心，依托高校实验设备和平台等基础条件实现基础研究和应用研究的过程。在政策选取上全面覆盖以上 8 类政策，同时重点关注和高校创新活动相关性较大的 3 类政策，创新环境政策、创新人才政策、科技成果转化政策。例如减轻科研人员负担方面的政策措施、人才评价与职称改革政策措施、人才奖励与激励政策措施和科技成果转化政策措施。

在政策文件选取和问卷设计过程中，多次向省科技厅政策法规处汇报，邀请相关专家团队反复论证设计了调查问卷，2022 年 8 月在郑州市内两所高校进行了预调研。根据预调研情况进一步修改问卷，对问卷结构和内容进行优化，2022 年 9 月，最终形成了"河南省高等院校落实科技创新政策情况调查问卷"。

4.3.1　问卷设计与调研过程

调查问卷分为四个部分。第一部分是被调查人的基本信息。涵盖被调查人的性别、职称、校内科技创新环境评价。第二部分是科技创新政策参与度和整体知晓度。包括创新环境政策（国家 1 部、省内 3 部）、创新主体政策（国家 1 部、省内 1 部）、创新人才政策（省内 3 部）、科技成果转化政策（国家 2 部）、创新平台政策（国家 1 部、省内 2 部）、创新载体政策（省内 1 部）、科技金融（国家 1 部）、知识产权（国家 1 部）。国家科技创新政策 7 部、省内科技创新政策 10 部，共 17 部政策，调查高校科研人员对这些政策的知晓情况和获取政策信息的渠道。第三部分是重点政策落实情况。重点对我省减轻科研人员负担、人才评价与职称改革、人才激励和奖励、科技成果转化政策措施的认知情况、政策享受情况、政策满意度调查。第四部分是科研工作开展情况。调查科研人员对科研成果关注类型、科研工作中的问题与困难、科研工作的满意度。

为掌握河南省内高校科技创新政策落实的情况，在调研高校的选取上以多层次、覆盖面广泛为基本原则。每种办学层次的高校尽量都包含，尽量覆盖不同种类的高校。本次调研对象的选取上，从办学层次上既有"双一流"高校，郑州大学、河南大学，也有"双一流"后备大学，例如河南科技大学、河南农业大学、河南理工大学、河南工业大学、河南中医药大学、华北水利水电大学，同时也涵盖示范性应用技术类型本科高校，例如河南牧业经济学院、商丘师范学院、洛阳理工学院、南阳理工学院。此外，除传统高校外，还包括新型本科高校一所，河南开放大学。从学校专业类型上，包括理工农医类院校（洛阳理工学院、南阳理工学院、河南科技学院、河南农业大学、河南牧业经济学院、河南中医药大学）、经济管理类院校（河南财经政法大学、河南航空工业管理学院）、师范类院校（商丘师范学院、洛阳师范学院、信阳师范学院）。从办学性质上，以公办院校为主、民办学院为辅（黄河科技学院、中原科技学院）。因此，调查对象基本涵盖省内不同办学层次的高校，与基础研究、科技创新、成果转化、人才培养等创新活动关系较为密切的高校 20 多家，符合层次广泛、覆盖面广的基本原则。

通过和上述高校主管教学科研的相关领导和院系负责人积极沟通，确保问卷发放对象为理工农医专业、经济管理专业和师范类专业的一线教师和科研人员，保证样本数据的真实、客观。2022 年 9—12 月共发放问卷 1 212 份，回收有效问卷 1 100 份，回收率 90.76%。2023 年 2—3 月对部分高校的一线科研人员进行了访谈。

4.3.2　调研数据分析

4.3.2.1　基本信息数据分析

参与本次调查的男性占 51.07%，女性占 48.93%。从参与调查的职称结构上看，中级职称占 43.20%，副高级职称占 31.76%，正高级职称占 16.45%（见图 4 – 16）。从数据上看，本次调查对象是有科研工作能力的专业技术人员。年龄结构上看，45 岁以上占 25.32%，40 ~ 45 岁占 26.9%，35 ~ 40 岁占 17.31%，30 ~ 35 岁占 25.89%，25 ~ 30 岁占 4.58%。本次调查对象以中青年科研人员为主，是高校科研工作的主力军（见图 4 – 17）。

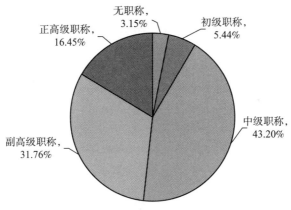

图 4 – 16　调查对象职称分布

资料来源：根据调查问卷数据统计所得。

4.3.2.2　校内创新环境分析

对校内的科技创新环境的整体满意度过半，但仍有提升空间。其中，对校内基础设施等硬件条件很满意占 14.88%，满意占 41.63%，一般占 34.05%，不满意占 5.58%，很不满意占 3.86%。对校内科技创新政策环境很满意占 15.74%，满意占 44.49%，一般占 30.62%，不满意占

5.01%，不满意占 4.15%。对校内科技创新氛围等创新文化很满意占
16.60%，满意占 42.20%，一般占 31.76%，不满意占 5.58%，很不满意
占 3.86%。按科技创新满意度高低依次为政策环境、文化环境和硬件环
境。由此可见，科研人员对校内科技创新硬件基础设施条件满意度较低，
科研基础条件薄弱也是本次调查反映的普遍问题（见图 4-18）。

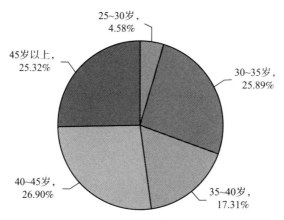

图 4-17　调查对象年龄分布

资料来源：根据调查问卷数据统计所得。

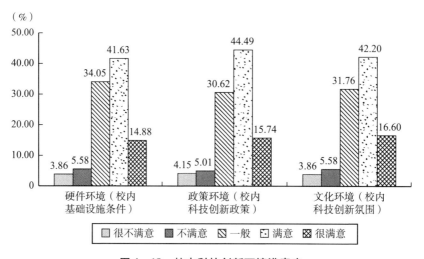

图 4-18　校内科技创新环境满意度

资料来源：根据调查问卷数据统计所得。

4.3.3　高校科研人员政策认知数据分析

4.3.3.1　创新环境政策认知分析

第一，《关于印发河南省支持科技创新发展若干财政政策措施的通知》的认知情况，非常了解占 8.30%，比较了解占 24.75%，一般占 38.77%，不太了解占 20.03%，完全不了解占 8.15%（见图 4 – 19）。

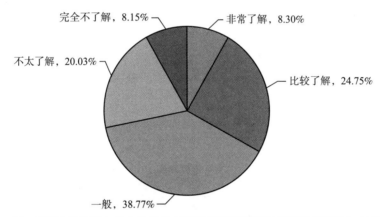

图 4 – 19　《关于印发河南省支持科技创新发展若干财政政策措施的通知》认知情况

资料来源：根据调查问卷数据统计所得。

对该政策信息获取渠道的调查显示，36.45% 的调研对象选择通过学校政策宣讲会了解，59.35% 的调研对象通过网络了解，44.55% 的调研对象通过同行交流获取信息，37.07% 的调研对象通过上级传达的方式获取政策信息，21.18% 通过其他方式获取（见图 4 – 20）。

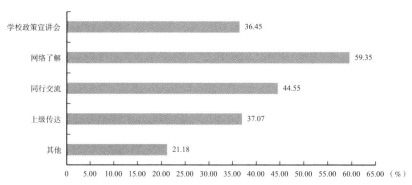

图 4 - 20 《关于印发河南省支持科技创新发展若干财政政策措施的通知》
政策信息获取渠道

资料来源：根据调查问卷数据统计所得。

第二，《河南省科研诚信案件调查处理办法（试行）》的认知情况，非常了解占 17.02%，比较了解占 40.63%，一般占 31.90%，不太了解占 8.87%，完全不了解占 1.57%（见图 4 - 21）。

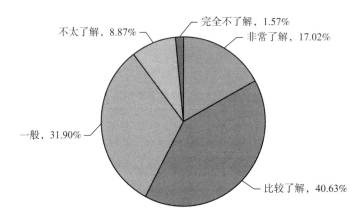

图 4 - 21 《河南省科研诚信案件调查处理办法（试行）》认知情况

资料来源：根据调查问卷数据统计所得。

对该政策信息获取渠道的调查显示，53.63% 的调研对象选择通过学校政策宣讲会了解，65.55% 的调研对象通过网络了解，51.45% 的调研对象通过同行交流获取信息，51.02% 的调研对象通过上级传达的方式获取政策信息，10.76% 通过其他方式获取（见图 4 – 22）。

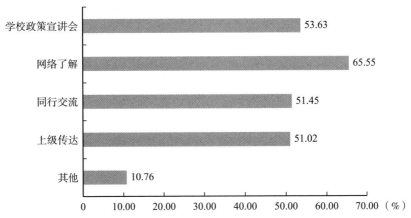

图 4 – 22　《河南省科研诚信案件调查处理办法（试行）》政策信息获取渠道

资料来源：根据调查问卷数据统计所得。

　　第三，《加强"从 0 到 1"基础研究工作方案》的认知情况，非常了解占 8.73%，比较了解占 21.03%，一般占 39.63%，不太了解占 20.31%，完全不了解占 10.30%（见图 4 – 23）。

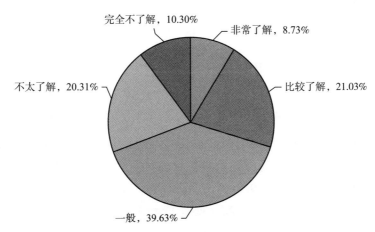

图 4 – 23　《加强"从 0 到 1"基础研究工作方案》认知情况

资料来源：根据调查问卷数据统计所得。

对该政策信息获取渠道的调查显示，28.33%的调研对象选择通过学校政策宣讲会了解，59.08%的调研对象通过网络了解，40.34%的调研对象通过同行交流获取信息，34.48%的调研对象通过上级传达的方式获取政策信息，24.75%通过其他方式获取（见图4-24）。

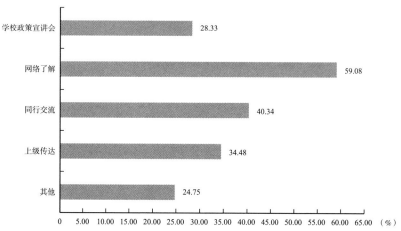

图4-24　《加强"从0到1"基础研究工作方案》政策信息获取渠道

资料来源：根据调查问卷数据统计所得。

4.3.3.2　创新人才政策认知分析

第一，《关于破除科技评价中"唯论文"不良导向的实施方案（试行）》的认知情况，非常了解占14.16%，比较了解占45.49%，一般占32.90%，不太了解占6.15%，完全不了解占1.29%（见图4-25）。

对该政策信息获取渠道的调查显示，53.48%的调研对象选择通过学校政策宣讲会了解，69.13%的调研对象通过网络了解，55.22%的调研对象通过同行交流获取信息，49.86%的调研对象通过上级传达的方式获取政策信息，9.86%通过其他方式获取（见图4-26）。

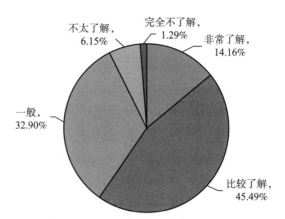

图 4 - 25 《关于破除科技评价中"唯论文"不良导向的实施方案（试行）》认知情况

资料来源：根据调查问卷数据统计所得。

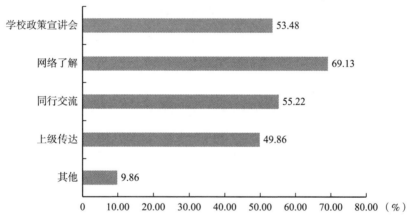

图 4 - 26 《关于破除科技评价中"唯论文"不良导向的实施方案（试行）》
政策信息获取渠道

资料来源：根据调查问卷数据统计所得。

第二，《河南省高层次和急需紧缺人才职称"评聘绿色通道"实施细则》的认知情况，非常了解占 9.01%，比较了解占 25.32%，一般占 39.77%，不太了解占 21.60%，完全不了解占 4.29%（见图 4 - 27）。

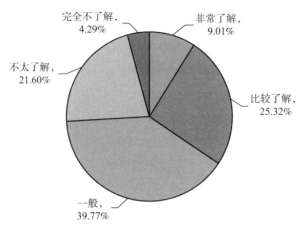

图 4 - 27 《河南省高层次和急需紧缺人才职称"评聘绿色通道"实施细则》认知情况

资料来源：根据调查问卷数据统计所得。

对该政策信息获取渠道的调查显示，40.66%的调研对象选择通过学校政策宣讲会了解，57.85%的调研对象通过网络了解，43.80%的调研对象通过同行交流获取信息，38.71%的调研对象通过上级传达的方式获取政策信息，15.25%通过其他方式获取（见图 4 - 28）。

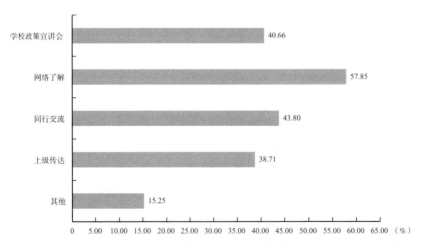

图 4 - 28 《河南省高层次和急需紧缺人才职称"评聘绿色通道"实施细则》

政策信息获取渠道

资料来源：根据调查问卷数据统计所得。

第三，《持续开展减轻科研人员负担激发创新活力专项行动方案的通知》的认知情况，非常了解占 9.44%，比较了解占 26.32%，一般占 40.77%，不太了解占 15.88%，完全不了解占 7.58%（见图 4 – 29）。

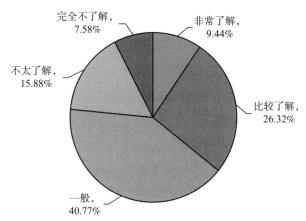

图 4 – 29　《持续开展减轻科研人员负担激发创新活力专项行动方案的通知》认知情况

资料来源：根据调查问卷数据统计所得。

对该政策信息获取渠道的调查显示，37.93% 的调研对象选择通过学校政策宣讲会了解，63% 的调研对象通过网络了解，46.59% 的调研对象通过同行交流获取信息，37.46% 的调研对象通过上级传达的方式获取政策信息，17.34% 通过其他方式获取（见图 4 – 30）。

4.3.3.3　成果转化政策认知分析

第一，《关于完善科技成果评价机制的指导意见》的认知情况，非常了解占 9.30%，比较了解占 27.32%，一般占 43.35%，不太了解占 16.31%，完全不了解占 3.72%（见图 4 – 31）。

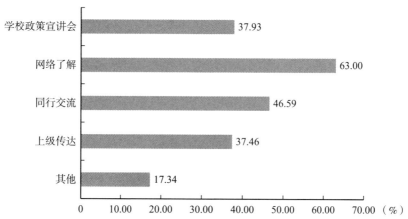

图4-30 《持续开展减轻科研人员负担激发创新活力专项行动方案的通知》政策信息获取渠道

资料来源：根据调查问卷数据统计所得。

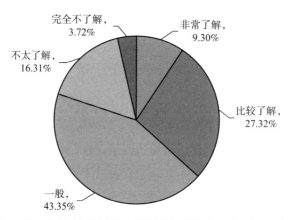

图4-31 《关于完善科技成果评价机制的指导意见》知晓度

资料来源：根据调查问卷数据统计所得。

对该政策信息获取渠道的调查显示，36.85%的调研对象选择通过学校政策宣讲会了解，63.30%的调研对象通过网络了解，46.81%的调研对象通过同行交流获取信息，37.74%的调研对象通过上级传达的方式获取政策信息，18.72%通过其他方式获取（见图4-32）。

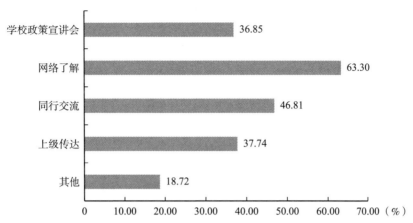

图4-32 《关于完善科技成果评价机制的指导意见》政策信息获取渠道

资料来源：根据调查问卷数据统计所得。

第二，《关于进一步推进高等学校专业化技术转移机构建设发展的实施意见》的认知情况，非常了解占9.19%，比较了解占23.05%，一般占45.17%，不太了解占20.56%，完全不了解占2.02%（见图4-33）。

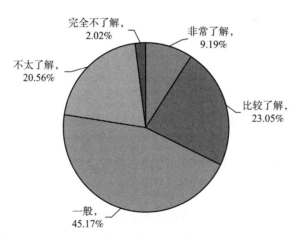

图4-33 《关于进一步推进高等学校专业化技术转移机构建设发展的实施意见》
认知情况

资料来源：根据调查问卷数据统计所得。

对该政策信息获取渠道的调查显示，34.98%的调研对象选择通过学校政策宣讲会了解，58.82%的调研对象通过网络了解，45.15%的调研对象通过同行交流获取信息，36.41%的调研对象通过上级传达的方式获取政策信息，20.83%通过其他方式获取（见图4-34）。

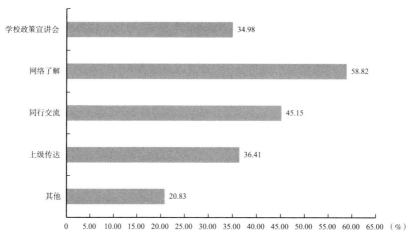

图4-34 《关于进一步推进高等学校专业化技术转移机构建设发展的实施意见》政策信息获取渠道

资料来源：根据调查问卷数据统计所得。

4.3.3.4 创新平台政策认知分析

第一，《河南省技术创新中心建设方案（暂行）》《河南省技术创新中心管理办法（暂行）》的认知情况，非常了解占8.44%，比较了解占23.46%，一般占40.2%，不太了解占18.74%，完全不了解占9.16%（见图4-35）。

对该政策信息获取渠道的调查显示，33.86%的调研对象选择通过学校政策宣讲会了解，57.95%的调研对象通过网络了解，43.31%的调研对象通过同行交流获取信息，39.21%的调研对象通过上级传达的方式获取政策信息，21.73%通过其他方式获取（见图4-36）。

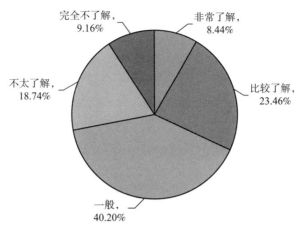

图 4 – 35　《河南省技术创新中心建设方案（暂行）》
《河南省技术创新中心管理办法（暂行）》认知情况

资料来源：根据调查问卷数据统计所得。

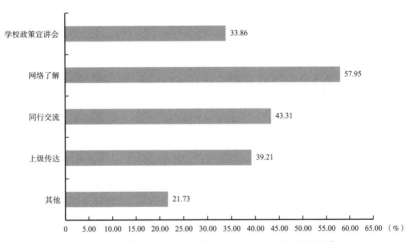

图 4 – 36　《河南省技术创新中心建设方案（暂行）》
《河南省技术创新中心管理办法（暂行）》政策信息获取渠道

资料来源：根据调查问卷数据统计所得。

　　第二，《中原学者工作站管理办法（试行）》的认知情况，非常了解占 8.26%，比较了解占 19.16%，一般占 41.59%，不太了解占 26.01%，完全不了解占 4.98%（见图 4 – 37）。

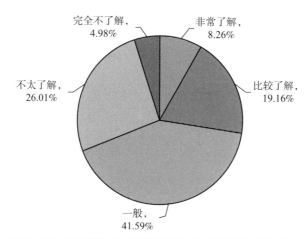

图4-37 《中原学者工作站管理办法（试行）》认知情况

资料来源：根据调查问卷数据统计所得。

对该政策信息获取渠道的调查显示，31.80%的调研对象选择通过学校政策宣讲会了解，56.56%的调研对象通过网络了解，42.13%的调研对象通过同行交流获取信息，35.25%的调研对象通过上级传达的方式获取政策信息，22.62%通过其他方式获取（见图4-38）。

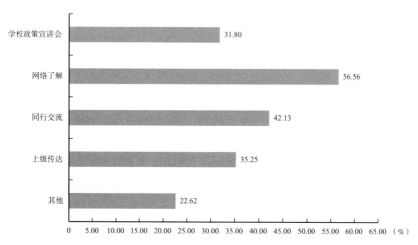

图4-38 《中原学者工作站管理办法（试行）》政策信息获取渠道

资料来源：根据调查问卷数据统计所得。

第三，《国家技术创新中心建设运行管理办法（暂行）》的认知情况，非常了解占 7.87%，比较了解占 19.31%，一般占 38.63%，不太了解占 22.17%，完全不了解占 12.02%（见图 4 - 39）。

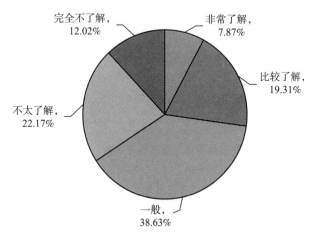

图 4 - 39　《国家技术创新中心建设运行管理办法（暂行）》
的通知认知情况

资料来源：根据调查问卷数据统计所得。

对该政策信息获取渠道的调查显示，31.22% 的调研对象选择通过学校政策宣讲会了解，57.72% 的调研对象通过网络了解，40.00% 的调研对象通过同行交流获取信息，34.15% 的调研对象通过上级传达的方式获取政策信息，25.20% 通过其他方式获取（见图 4 - 40）。

4.3.3.5　创新主体政策认知分析

第一，《关于扩大高校和科研院所科研相关自主权的实施意见》的认知情况，非常了解占 9.30%，比较了解占 28.04%，一般占 39.63%，不太了解占 17.74%，完全不了解占 5.29%（见图 4 - 41）。

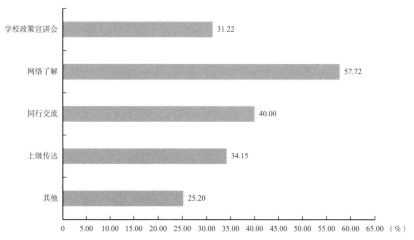

图 4 - 40 《国家技术创新中心建设运行管理办法（暂行）》的通知政策信息获取渠道

资料来源：根据调查问卷数据统计所得。

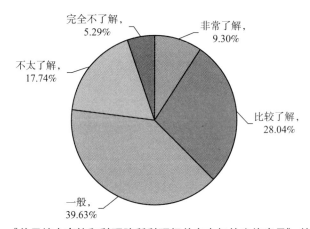

图 4 - 41 《关于扩大高校和科研院所科研相关自主权的实施意见》的认知情况

资料来源：根据调查问卷数据统计所得。

对该政策信息获取渠道的调查显示，37.92% 的调研对象选择通过学校政策宣讲会了解，60.88% 的调研对象通过网络了解，47.58% 的调研对象通过同行交流获取信息，38.97% 的调研对象通过上级传达的方式获取政策信息，17.52% 通过其他方式获取（见图 4 - 42）。

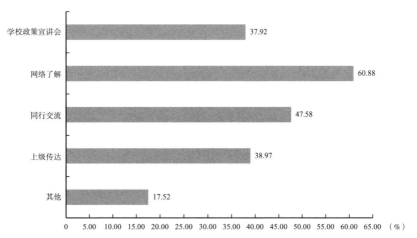

图 4 – 42　《关于扩大高校和科研院所科研相关自主权的实施意见》政策信息渠道获取

资料来源：根据调查问卷数据统计所得。

　　第二，《关于支持女性科技人才在科技创新中发挥更大作用的若干措施》的认知情况，非常了解占 8.01%，比较了解占 19.60%，一般占 40.63%，不太了解占 19.89%，完全不了解占 11.87%（见图 4 – 43）。

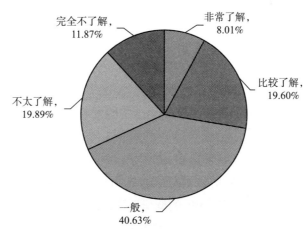

图 4 – 43　《关于支持女性科技人才在科技创新中发挥更大作用的若干措施》认知情况

资料来源：根据调查问卷数据统计所得。

对该政策信息获取渠道的调查显示，30.36%的调研对象选择通过学校政策宣讲会了解，61.85%的调研对象通过网络了解，43.83%的调研对象通过同行交流获取信息，36.2%的调研对象通过上级传达的方式获取政策信息，20.78%通过其他方式获取（见图4-44）。

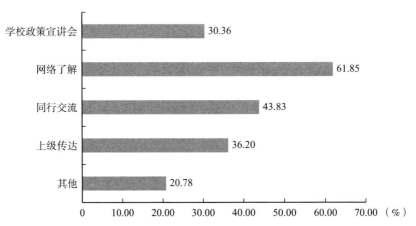

图4-44 《关于支持女性科技人才在科技创新中发挥更大作用的若干措施》政策信息获取渠道

资料来源：根据调查问卷数据统计所得。

4.3.3.6 创新载体政策认知分析

第一，《河南省科技特派员助力乡村振兴五年行动计划（2021—2025年）》的认知情况，非常了解占12.45%，比较了解占31.76%，一般35.62%，不太了解占14.31%，完全不了解5.87%（见图4-45）。

对该政策信息获取渠道的调查显示，41.34%的调研对象选择通过学校政策宣讲会了解，66.57%的调研对象通过网络了解，49.85%的调研对象通过同行交流获取信息，46.20%的调研对象通过上级传达的方式获取政策信息，14.44%通过其他方式获取（见图4-46）。

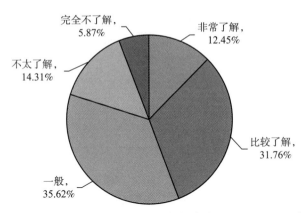

图 4 – 45 《河南省科技特派员助力乡村振兴五年行动计划（2021—2025 年）》认知情况

资料来源：根据调查问卷数据统计所得。

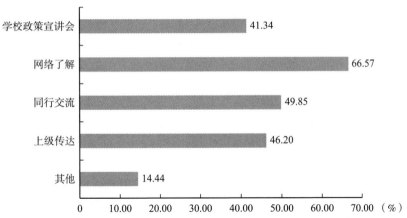

图 4 – 46 《河南省科技特派员助力乡村振兴五年行动计划（2021—2025 年）》

政策信息获取渠道

资料来源：根据调查问卷数据统计所得。

第二，《关于加快推动国家科技成果转移转化示范区建设发展的通知》的认知情况，非常了解占 7.58%，比较了解占 19.89%，一般占 42.78%，不太了解占 19.17%，完全不了解占 10.59%（见图 4 –47）。

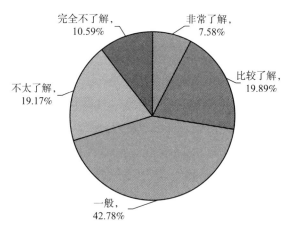

图 4 –47 《关于加快推动国家科技成果转移转化示范区建设发展的通知》认知情况

资料来源：根据调查问卷数据统计所得。

对该政策信息获取渠道的调查显示，32.96%的调研对象选择通过学校政策宣讲会了解，59.68%的调研对象通过网络了解，43.04%的调研对象通过同行交流获取信息，35.68%的调研对象通过上级传达的方式获取政策信息，20.64%通过其他方式获取（见图 4 –48）。

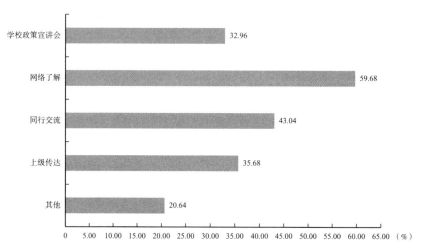

图 4 –48 《关于加快推动国家科技成果转移转化示范区建设发展的通知》

政策信息获取渠道

资料来源：根据调查问卷数据统计所得。

4.3.3.7　科技金融政策认知分析

对《关于加强现代农业科技金融服务创新支撑乡村振兴战略实施的意见》的认知情况，非常了解占 7.58%，比较了解占 20.74%，一般占 38.91%，不太了解占 22.17%，完全不了解占 10.59%（见图 4 - 49）。

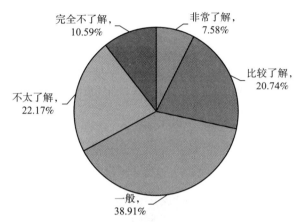

图 4 - 49　《关于加强现代农业科技金融服务创新支撑乡村振兴战略实施的意见》
认知情况

资料来源：根据调查问卷数据统计所得。

对该政策信息获取渠道的调查显示，31.68% 的调研对象选择通过学校政策宣讲会了解，62.24% 的调研对象通过网络了解，41.44% 的调研对象通过同行交流获取信息，35.20% 的调研对象通过上级传达的方式获取政策信息，23.04% 通过其他方式获取（见图 4 - 50）。

4.3.3.8　知识产权政策认知分析

对《赋予科研人员职务科技成果所有权或长期使用权试点实施方案》的认知情况，非常了解占 8.44%，比较了解占 23.89%，一般占 41.06%，不太了解占 19.31%，完全不了解占 7.30%（见图 4 - 51）。

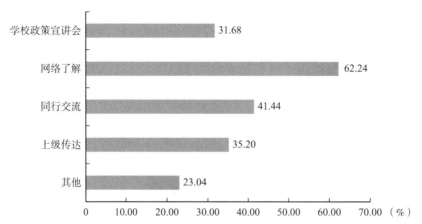

图 4 – 50 《关于加强现代农业科技金融服务创新支撑乡村振兴战略实施的意见》政策信息获取渠道

资料来源：根据调查问卷数据统计所得。

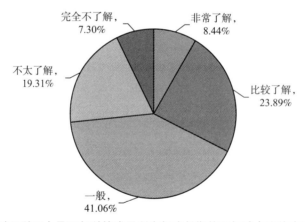

图 4 – 51 《赋予科研人员职务科技成果所有权或长期使用权试点实施方案》认知情况

资料来源：根据调查问卷数据统计所得。

  对该政策信息获取渠道的调查显示，34.57%的调研对象选择通过学校政策宣讲会了解，61.88%的调研对象通过网络了解，45.83%的调研对象通过同行交流获取信息，35.34%的调研对象通过上级传达的方式获取政策信息，20.06%通过其他方式获取（见图 4 – 52）。

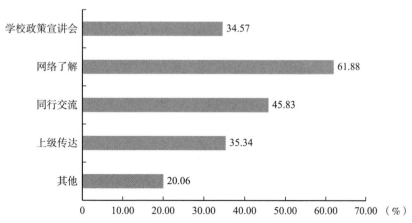

图 4 - 52 《赋予科研人员职务科技成果所有权或长期使用权试点实施方案》
政策信息获取渠道

资料来源：根据调查问卷数据统计所得。

4.3.3.9 高校科研人员政策认知存在问题分析

政策认知一方面反映了科研人员对该科技创新政策的了解程度，同时也从另一方面反映了科研人员对该政策的参与度。通过以上数据，17 部科技创新政策认知度最高的是《关于破除科技评价中"唯论文"不良导向的实施方案（试行）》，认知度为 59.65%，其次为《河南省科研诚信案件调查处理办法（试行）》认知度为 57.65%。破除科技评价中"唯论文"导向的政策以及科研诚信政策涉及科研人员的人才评价和科研环境，科研人员对这两个政策文件相对了解，认知度相对较高。《河南省科技特派员助力乡村振兴五年行动计划（2021—2025 年）》的通知知晓度为 44.21%。这与河南省近年来开展高校科技特派员选派工作有较大联系，目前河南省共 5 000 多名科技特派员，广大高校科技人员参与科技特派员工作，对该政策的知晓度也就较高。其他政策的认知度均未超过 40%，一方面说明高校科研人员对这些政策了解程度较低，另一方面也说明科研人员的科研工作与这些政策的内容相关性较低。

从科技创新政策类型上看，知晓度由高到低依次为：创新人才政策（43.25%）、创新环境政策（40.15%）、创新载体政策（35.84%）、成果转化政策（33.93%）、知识产权政策（32.33%）、创新平台政策（28.83%）、科技金融政策（28.32%）、创新主体政策（27.48%）。从政策层面上看，省内科技创新政策平均知晓度为36.00%，高于国家层面科技创新政策平均知晓度30.07%。

高校科研人员对政策了解程度偏低，一方面说明政策宣讲和政策学习方面存在缺口，另一方面也说明要提高政策内容和科研活动的关联性，实现政策措施服务科研活动的政策效果。

通过以上政策知晓渠道统计，政策信息获取渠道以网络学习、同行交流为主渠道。其中，60%左右的科研人员都是通过网络学习以上17部政策，是政策信息获取的主要渠道。40%以上的科研人员通过同行交流方式获取政策信息。半数以上的科研人员通过学校宣讲会方式学习的政策只有2部，分别是《河南省科研诚信案件调查处理办法（试行）》和《关于破除科技评价中"唯论文"不良导向的实施方案（试行）》。个别政策知晓渠道较为广泛，例如《河南省科研诚信案件调查处理办法（试行）》政策信息渠道在学校宣讲会、网络学习、同行交流、上级传达广泛分布，均占50%以上。

在信息时代，网络学习已成为科研人员获取政策信息的主要渠道，同行交流是科研工作环境中获取政策信息的主要渠道。调查数据显示，网络环境和科研工作环境是科技创新政策信息传播扩散的主要环境，而高校在宣传科技创新政策信息上的主力军作为有待发挥。

4.3.4 高校重点政策落实情况与问题分析

针对以上政策认知分析，对高校科研人员关注的重点政策措施落实情况进一步调查。主要有减轻科研人员负担政策措施、人才评价与职称制度改革政策措施、人才激励与奖励政策措施和科技成果转化政策措施。

4.3.4.1　减轻科研人员负担政策落实情况

1. 具体措施知晓度

《持续开展减轻科研人员负担　激发创新活力专项行动方案的通知》与科研人员关系较为密切。具体措施中"规范论文评价指标，深入推动落实破除'SCI至上''唯论文'等硬措施""强化项目负责人主体责任，减少报销审批程序。试点项目经费使用'包干制'"两项政策措施的知晓度最高，为 85.84% 和 82.55%（见图 4 - 53）。

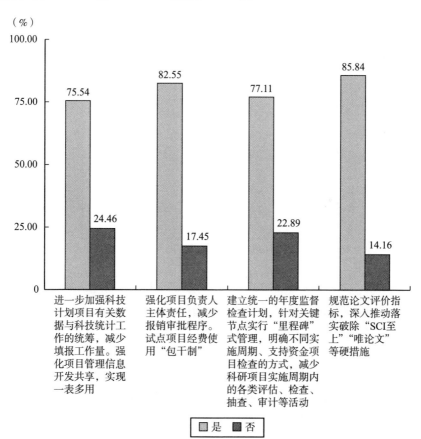

图 4 - 53　减轻科研人员负担政策具体措施知晓度

资料来源：根据调查问卷数据统计所得。

2. 具体措施享受情况

调查显示，享受过以上 4 种具体措施科研人员占比分别为 66.09%、69.53%、69.24% 和 65.24%。65% 以上的科研人员均享受到相关措施。其中，相对较低的措施是第 4 个，"规范论文评价指标，深入推动落实破除'SCI 至上''唯论文'等硬措施"（见图 4 - 54）。

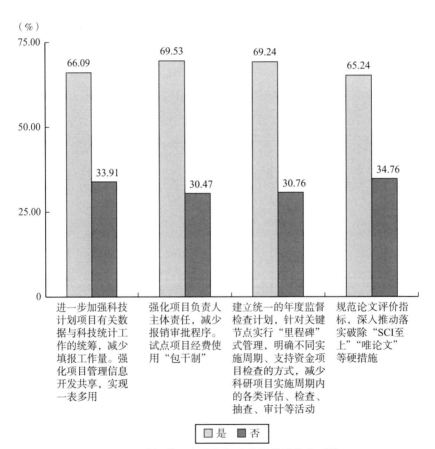

图 4 - 54　减轻科研人员负担政策具体措施享受情况

资料来源：根据调查问卷数据统计所得。

3. 政策措施满意度

对这 4 类具体措施的满意度调查显示，对"强化项目负责人主体责任，减少报销审批程序。试点项目经费使用'包干制'"这一措施的满意度（满意和非常满意）占比为61.09%。对"建立统一的年度监督检查计划，针对关键节点实行'里程碑'式管理，明确不同实施周期、支持资金项目检查的方式，减少科研项目实施周期内的各类评估、检查、抽查、审计等活动。"这一措施的满意度（满意和非常满意）比例为59.94%。对"进一步加强科技计划项目有关数据与科技统计工作的统筹，减少填报工作量。强化项目管理信息开放共享，实现一表多用。"这一措施的满意度（满意和非常满意）占比为56.22%。而知晓度相对较高的"规范论文评价指标，深入推动落实破除'SCI至上''唯论文'等硬措施，树好科技评价导向。"这一措施的满意度（满意和非常满意）占比为54.22%，反映出一线科研人员对论文评价指标和破除"SCI至上""唯论文"的措施落实满意度低（见图4-55）。

4.3.4.2　人才评价与职称制度改革政策措施落实情况

1. 具体措施知晓度

相关的政策有《关于破除科技评价中"唯论文"不良导向的实施方案（试行）》和《河南省高层次和急需紧缺人才职称"评聘绿色通道"实施细则》。具体措施包括：

（1）高校、高校主管部门及其下属事业单位要按照正确的导向引领学术文化建设，不发布论文相关指标的排行，不采信、引用和宣传其他机构以论文为核心指标编制的排行榜，不把论文相关指标作为科研人员、学科和大学评价的标签。

（2）对于职称（职务）评聘，应建立与岗位特点、学科特色、研究性质相适应的评价指标，细化论文在不同岗位评聘中的作用，重点考察实际水平、发展潜力和岗位匹配度，不以论文相关指标作为判断的直接依据。在人员聘用中，学校不把论文相关指标作为前置条件。

（3）高层次和急需紧缺人才职称评聘实施"绿色通道"，不受一年开展1次职称评审的限制，不定期开展职称评审工作。

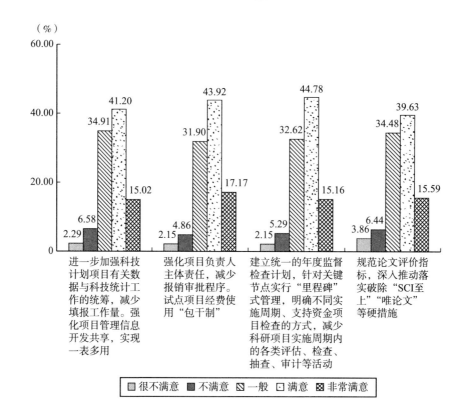

图 4－55　减轻科研人员负担政策具体措施满意度

资料来源：根据调查问卷数据统计所得。

（4）高层次和急需紧缺人才可不受学历、资历、年限和事业单位专业技术岗位结构比例限制，破格申报评审高级职称。对申报人员学历、资历、职称层级等方面不做硬性规定，以品德、能力、业绩和贡献为重点，实行代表性成果评价，克服"凑条件""对条件"倾向，不求业绩"大而全"，突出业绩成果的"高精尖"和创新能力，突出做出重大贡献和社会、业内的广泛认可。

（5）河南省博士后在站期间，不受在站事业单位岗位结构比例限制初定中级职称和申报评审副高级职称；业绩特别突出的或具有副高级职称的，可破格申报评审正高级职称。出站博士后到河南省企事业单位从事专业技术工作业绩特别突出的，可直接申报评审（考核认定）高级职称。

调查数据显示，以上5项政策措施的知晓度均超过60%，其中第1项政策措施知晓度最高，为76.39%，第5项政策措施知晓度最低，为64.09%（见图4-56）。

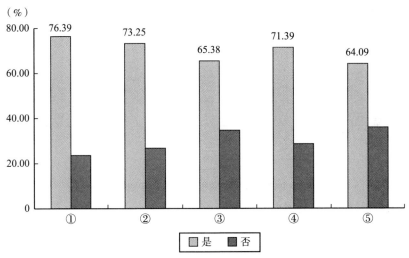

图4-56 人才评价与职称制度改革政策措施知晓度

资料来源：根据调查问卷数据统计所得。

2. 具体措施享受情况

调查显示，以上5个具体措施享受的比例分别为59.51%、56.65%、46.92%、53.08%、46.64%。三项具体措施享受情况过半数，两项政策享受比例未过半数。未过半数的分别为第3项措施和第5项措施（见图4-57）。

3. 政策措施满意度

对人才评价与职称制度改革政策措施的满意度均未超60%。其中第1项措施"高校、高校主管部门及其下属事业单位不采信、引用和宣传其他机构以论文为核心指标编制的排行榜，不把论文相关指标作为科研人员、学科和大学评价的标签。"这一具体措施的满意度（满意及非常满意比例）仅有55.79%，是以上措施中满意度最低的一个，说明在职称评定和科研评价过程中"唯论文"导向仍普遍存在（见图4-58）。

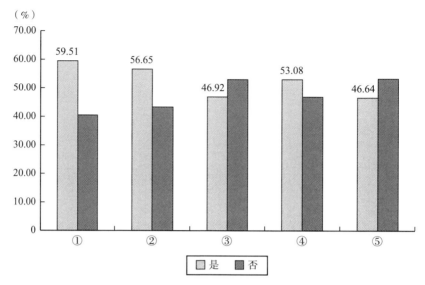

图 4 - 57 人才评价与职称制度改革政策措施享受情况

资料来源：根据调查问卷数据统计所得。

4.3.4.3 人才激励和奖励政策措施落实情况

1. 具体措施知晓度

相关的政策文件主要有：《河南省支持科技创新发展若干财政政策措施》《河南省高层次人才认定和支持办法》《河南省高层次人才认定工作实施细则（试行）》等。调研题项包括：

（1）对河南省全职引进和新当选的院士等顶尖人才，每人给予500万元个人奖励补贴；对每年评选的中原学者，每人给予不低于200万元特殊支持；对中原科技创新、中原科技创业、中原科技产业领军人才，每人给予不超过100万元特殊支持；对中原学者科学家工作室，给予连续6年每年200万元稳定支持。

（2）对河南省获评国家重点人才计划创新领军人才人选、国家杰出青年科学基金获得者、"长江学者"特聘教授等国家级领军人才和国家重点人才计划青年项目入选者、国家优秀青年科学基金获得者、"长江学者"青年学者等青年拔尖人才，按照国家资助标准给予1∶1配套奖励补贴和科研经费支持。

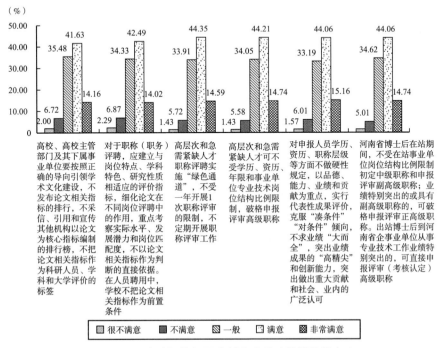

图 4－58　人才评价与职称制度改革政策措施满意度

资料来源：根据调查问卷数据统计所得。

（3）对全职引进和河南省新入选的 A 类人才，省政府给予 500 万元的奖励补贴，其中一次性奖励 300 万元，其余 200 万元分 5 年逐年拨付。对经认定的 A 类人才，在岗期间用人单位可给予不低于每月 3 万元的生活补贴；对经认定的 B 类人才，在岗期间用人单位可给予不低于每月 2 万元的生活补贴。

（4）对经认定的高层次人才根据实际贡献和学术水平，实行协议工资制、年薪制和项目工资等；省属科研院所、省级以上重点实验室和协同创新中心、河南省优势特色学科通过上述方式给予高层次人才的收入，不计入工资总额和绩效工资总量基数。用人单位可按照规定采取股权、期权、分红、净资产增值权、特别奖励等方式，对经认定的高层次人才予以激励。

（5）贵校关于高层次人才的激励与奖励政策文件。

通过对以上政策措施知晓度调查，前4项政策措施知晓度均超过60%，其中，对第2项政策措施的知晓度最高，为67.10%。82.98%的被调查者所在的高校都制定了校内人才激励与奖励政策（见图4-59）。

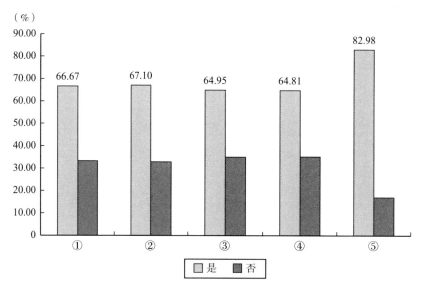

图4-59　人才激励和奖励政策措施知晓度

资料来源：根据调查问卷数据统计所得。

2. 具体措施享受情况

调查数据显示，前4项人才激励和奖励政策措施的享受比例较低均未超过25%。一方面是高层次人才政策适用对象的有限性；另一方面调查对象中涵盖中原学者、A/B类人才比例较低。第5项是对校内人才激励或科研奖励的享受调查，41.92%的科研人员享受过校内的人才激励与奖励政策（见图4-60）。

3. 政策措施满意度

对人才激励和奖励政策措施满意度均未超过60%。其中，满意度相对较高的是对高层次人才的奖励措施，为59.66%。政策满意度较低的是对校内高层人才激励和奖励政策措施，满意度为55.36%（见

图 4 - 61)。

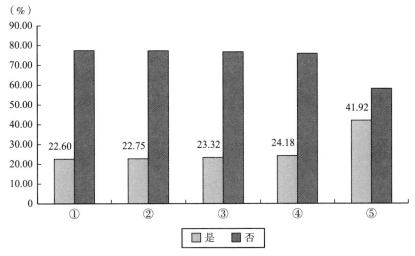

图 4 - 60 人才激励和奖励政策措施享受情况

资料来源：根据调查问卷数据统计所得。

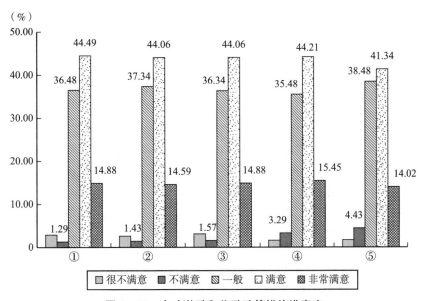

图 4 - 61 人才激励和奖励政策措施满意度

资料来源：根据调查问卷数据统计所得。

4.3.4.4 科技成果转化政策措施落实情况

1. 具体措施知晓度

科技成果转化政策主要有《赋予科研人员职务科技成果所有权或长期使用权试点实施方案》《关于完善科技成果评价机制的指导意见》《河南省赋予科研人员职务科技成果所有权或长期使用权改革试点实施方案》等。具体措施包括：

（1）赋予科研人员职务科技成果所有权，由试点单位与成果完成人（团队）成为共同所有权人。

（2）赋予科研人员不低于 10 年的职务科技成果使用权。

（3）赋予试点单位管理科技成果自主权，试点单位将其持有的科技成果转让、许可或者作价投资，可以自主决定是否进行资产评估。

（4）建立健全尽职免责机制，在试点单位负责人履行勤勉尽职义务、严格执行管理制度等前提下，可以免除追究其相关决策失误责任。

（5）建立健全职务科技成果赋权管理和服务制度，从健全赋权决策机制、完善配套管理办法、规范操作流程、加强全过程管理等方面加强管理制度建设。

5 项政策措施的认知度均在 60% 以上，最高的第 5 项为 66.24%，较低的第 2 项措施"赋予科研人员不低于 10 年的职务科技成果使用权"为60.52%（见图 4 − 62）。

2. 具体措施享受情况

相关政策措施享受比例较低，均未超过 45%。这与科技成果赋权改革政策措施正在推进有关。河南省赋权改革于 2021 年 5 月启动，6 月确定了河南省试点单位。目前河南省有 11 家赋权改革试点，高校有 8 所，本次调研涉及其中 5 所高校，郑州大学、河南大学、河南农业大学、河南科技大学、河南理工大学（见图 4 − 63）。

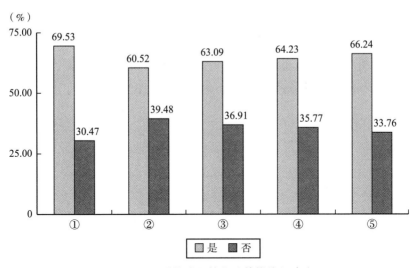

图 4 - 62　科技成果转化政策措施知晓度

资料来源：根据调查问卷数据统计所得。

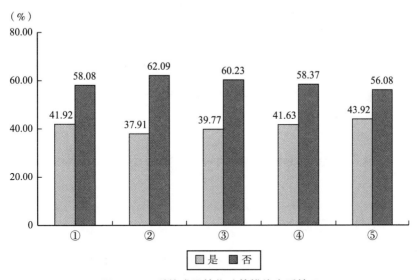

图 4 - 63　科技成果转化政策措施享受情况

资料来源：根据调查问卷数据统计所得。

3. 政策措施满意度

对科技成果转化政策措施的满意度为 60% 左右,其中,第 2 项政策措施"赋予科研人员不低于 10 年的职务科技成果使用权"满意度为59.65%。其他政策措施满意度均超过 60%(见图 4 – 64)。

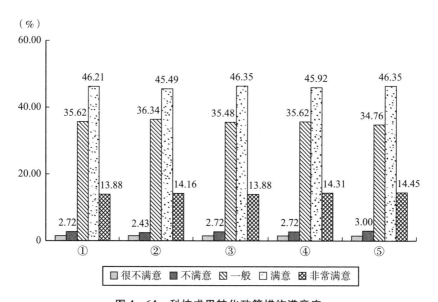

图 4 – 64 科技成果转化政策措施满意度

资料来源:根据调查问卷数据统计所得。

4.3.5 政策知晓度、享受比例和满意度对比分析

4.3.5.1 知晓度比较分析

比较上述 4 项重点科技创新政策措施,政策知晓度最高的为减轻科研人员负担政策,其次为人才评价与职称改革政策措施,人才激励与奖励政策措施和科技成果转化政策措施的知晓率相对较低。要进一步提高政策措施的知晓率,加大政策宣传力度,发挥网络媒体的作用,更应该发挥高校科研主战场的作用(见表 4 – 2)。

表4-2　　　　　　　　　政策措施知晓度比较

政策措施	减轻科研人员负担政策措施	人才评价与职称制度改革政策措施	人才激励与奖励政策措施	科技成果转化政策措施
知晓度（%）	80.26	70.10	65.88	64.72

资料来源：根据调查问卷数据统计所得。

4.3.5.2　享受比例比较分析

对上述4项科技创新政策享受比例进行分析，四项政策的享受比例差距较大。人才激励与奖励政策措施针对性较强，高校一线科研人员很难享受到该政策，享受比例仅为25%。校内人才激励与奖励政策措施的享受比例也仅为41%。而相对普惠性较强的政策措施，如减轻科研人员负担政策措施享受比例相对较高为67.53%。人才评价与职称制度改革政策措施享受比例为53%，科技成果转化政策措施享受比例为41.03%。要提高政策享受比例，一方面要提高政策知晓率，同时也要提高相关政策措施的普惠性，既要关注顶端人才也要关怀一般科研人员，形成"松绑＋激励"双向并举、激励有效的科技创新政策措施（见表4-3）。

表4-3　　　　　　　　　政策措施享受度比较

政策措施	减轻科研人员负担政策措施	人才评价与职称制度改革政策措施	人才激励与奖励政策措施	科技成果转化政策措施
享受比例（%）	67.53	53	25；41（校内）	41.03

资料来源：根据调查问卷数据统计所得。

4.3.5.3　满意度比较分析

4项政策措施的满意度调查只有科技成果转化政策措施满意度超过60%，其他三项均在60%以下，尤其是"人才评价和职称制度改革政策措施"满意度最低，反映出政策措施与一线科研人员的期望还有一定距离，如何进一步优化人才评价深入职称制度改革关系到广大科研人员的获得感与满意感。

在人才激励和奖励政策措施满意度方面,校内的人才激励和奖励政策的满意度明显低于省内的人才激励与奖励措施。相比省内人才激励奖励政策的针对性,高校内部的人才激励奖励政策具有一定程度的校内普惠性,但一线科研人员对校内激励措施的满意度却较低,可见,校内科研激励环境的提升问题是共性问题。未来高校应结合本校的实际情况对校内一般高层次人才更多关注,出台具体、可操作、实质性激励与奖励制度,鼓励高层次人才尤其的是激励青年教师俯身科研、不断创新,形成有利于高层次人才成长的良性环境(见表4-4)。

表4-4 政策措施满意度比较

政策措施	减轻科研人员负担政策措施	人才评价与职称制度改革政策措施	人才激励与奖励政策措施	科技成果转化政策措施
满意度(%)	58.11	58.03	59.06;55.36(校内)	60.60

资料来源:根据调查问卷数据统计所得。

综上所述,本章运用政策文本分析法,总结了河南省科技创新政策的供给特征,将河南省科技创新政策落实情况和全国数据进行比较分析。选取299家河南创新型企业对河南省5类先行先试政策进一步调研。结果显示,河南省先行先试政策的认知仍有提升空间,创新成本、人才、资金、市场等因素制约了河南省创新主体开展创新活动。河南省创新主体倾向于单独进行创新,缺乏合作和交流。河南省协同创新环境和政府响应评价均低于全国平均水平。通过申请意愿与政策认知比较分析,反映出创新能力、企业需求、行业差异等多种因素对落实效果都会产生影响。

为进一步研究科技创新政策在高校落实"最后一公里"的情况,课题组在河南省内20多家高校开展调研,坚持层次广泛、覆盖面广的调查基本原则,发放问卷1 212份,回收有效问卷1 100份,进一步深入了解科技创新政策在高校落实情况，调研反映政策认知程度和科研创新环境的优劣影响科技创新政策在高校的落实，当前的人才评价和职称制度、人才激励和奖励制度与高校科研人员期望有一定差距，成为制约科研人员创新活力的主要因素。

第5章 科技创新政策落实"最后一公里"机制设计与对策分析

第 3 章从国家层面调研了科技创新政策落实"最后一公里"的现状，第 4 章从省域层面以企业和高校两个角度调研了科技创新政策落实"最后一公里"的现状。本章从科技创新政策落实机制视角分析影响科技创新政策落实"最后一公里"的机制障碍和堵点"瓶颈"，并针对反映出的问题提出对策建议。

5.1 科技创新政策落实机制分析

科技创新政策落实机制是在尊重科技创新活动科学规律的基础上，对科技创新资源的再分配的过程。科技创新政策设计制度的价值是基于科技创新具有公共物品的外部性，国家为达到经济、社会发展目标对科技创新活动适度干预，合理配置科技创新资源。科技创新政策落实机制的价值在于实现科技创新政策的执行落地过程中的程序公正、客观，通过程序合法合规实现科技创新政策的基本价值。科技创新政策落实机制是动态过程，具有实施机制的开放性，科技创新活动的科学性，参与主体多元性，程序合法合规性。

5.1.1 科技创政策落实机制的特征与内涵

科技创新政策落实机制具有以下四个特征：

（1）科技创新政策落实机制的开放性。科技创新政策落实机制是建立在经济增长、社会发展、科技进步的核心价值之上。科技创新政策落实价值的开放性和包容性意味着科技创新政策落实机制不是封闭和一成不变的。科技创新政策落实过程应充分考虑经济产业发展、社会福利增加和国家科技创新能力的情况，适时调整科技创新政策落实力度和渠道，形成包容开放的科技创新政策落实机制。根据产业发展适时调整科技创新活动领域和重点，根据社会发展阶段特点充分发挥科技创新在社会进步方面的重要功能，根据国家科技创新战略部署分层次、分步骤实施。科学创新活动是认识科学、总结规律和创新创造的过程，根据科技创新活动的特点，科技创新政策落实过程也是一个整合集约科技资源，鼓励创新创造活动的规范性政策的实施。因此，在科技创新政策落实过程中应以包容的态度对待科技创新活动，为科技创新活动提供宽容的制度环境。科技创新政策落地必须与产业发展、社会需求、国家战略相一致，并根据国家创新发展阶段适时调整，不断完善。

（2）科技创新政策落实机制的科学性。科技创新政策落实过程是尊重科技创新活动规律的过程。索罗的技术增长理论提出除了劳动力、资本以外，技术对经济增长具有促进作用。这成为科技创新政策研究的起点。历史实践证明，科学技术已成为生产力发展的核心驱动力，科技创新政策的实施正是尊重生产力发展，尊重科学技术进步的科学规律。在科技创新政策落实机制中充分考虑科学技术的活动特点和创新活动的客观基础，针对不同的学科领域、不同主体的创新能力，分情况分特点，在尊重科学规律的前提下精准设计科技创新政策实施方法和步骤。因此，科技创新政策落实机制具有科学性。

（3）科技创新政策落实机制的复杂性。科技创新政策落实并不是政策决策者的特权。作为社会资源的科技创新资源应属于全社会，国家对科技创新资源调整的目的是促进经济发展和社会进步。因此，科技创新政策的落实就不应仅仅是政策决策者关心的事情，而应放在更大的社会背景中考虑。从制度经济学角度，通过科技创新政策落实机制的制度安排，节约了全员参与科技创新活动的交易成本，创新活动参与者通过既定的制度安排进入技术创新领域，创造价值收益。从科技创新政策的实施途径看，科技创新政策从政策制定、政策宣传、政策接收，到政策理解、政策学习，再到政策应用、政策红利，整个科技创新政策落实过程与政府部门、企业、科研院所、社会公众等主体息息相关。多种类型的科技创新政策参与者共同构成了科技创新政策生态群落。这些科技创新政策生态群落之间相互联系、相互依赖，又影响了科技创新政策的实施环节、步骤和效果。因此，科技创新政策落实机制具有复杂性。

（4）科技创新政策落实机制的合法性。科技创新政策落实机制是政策信息的传导过程，也是从制度供给到社会需求的过程。在此过程中，科技创新政策实施的每一个环节都直接影响了政策信息的传递效果和最终的落实效果。由于政策信息不对称，政策供给者和政策需求者之间的差异等问题的存在影响了科技创新政策宣传和执行的效果。因此，科技创新政策落实机制是通过揭开"最后一公里"的"黑箱"，通过合法合规的程序设计，保证科技创新政策实施过程中步骤有序、环节透明、传导高效，达到政策效果与政策设计一致。因此，科技创新政策落实机制具有合法性。

基于科技创新政策落实机制的以上特点，将科技创新政策落实机制定义为：在尊重科技创新活动科学性的前提下，为实现科技创新政策预期效果，多元科技创新政策实施主体在合法合规的程序下参与的开放包容的科技创新政策传导机制。

5.1.2　科技创新政策落实机制的关键节点

本书聚焦于科技创新政策落实机制，为揭开科技创新政策落实"最后一公里"，将科技创新政策主体分为科技创新政策制定主体、宣传主体和执行主体。一项科技创新政策从制定部门到宣传部门，再到执行部门。政策制定主体、宣传主体和执行主体在科技创新政策落实机制中的主体能力、职权分工、互动关系等都直接影响了政策的落实效果。科技创新政策制定主体明确了科技创新政策定位和功能，预设了最佳政策实施效果。政策宣传主体对科技创新政策内容进行深度解读，通过多种方式宣传、普及科技创新政策。

面对不确定的创新主体，科技创新政策宣传主体需要关注创新主体的差异化需求，针对性地宣讲和普及不同功能与作用的科技创新政策。政策执行主体是科技创新政策的具体执行机关，也是科技创新政策从政策主体落实到创新主体的重要节点。然而科技创新政策制定机关的级别、效力等级，科技创新政策宣传主体的宣传力度与方式，科技创新政策执行主体的执行力度与手段都会影响政策落实效果。此外，科技创新政策制定主体、宣传主体和执行主体之间在政策信息传导过程中的信息互动、交流反馈等交互关系也都影响科技创新政策的落实效果。因此，科技创新政策制定主体、宣传主体和执行主体是科技创新政策落实机制的关键节点。

科技创新政策落实机制中的创新主体中包括了科技创新政策的受益主体、关联主体和社会公众。其中，受益主体一般为科技创新活动的直接参与者，他们直接受到科技创新政策中的财政收入、金融支持、技术研发等具体措施的影响，其创新活动和创新产出直接反映了科技创新政策的实施效果，同时也会影响关联主体。然而，各类创新主体的发展呈现多元化诉求，大型企业与中小企业创新能力和创新条件的差异造成了他们不同的创新发展需求，研发单位和企业市场定位的不同造成他们创新内容的差异。企业经营范围的差异也造成了他们创新方向的多元化。因此，直接受益主体关注的科技创新政策内容有所不同，其对科技创新政策的学习能力、理解能力和吸收能力也存在差异，这些都直接影响科技创新政策的落实效果。

关联主体一般是和受益主体处在同一产业链上的上下游企业。由于受益主体受到科技创新政策的直接影响，这种影响通过产业链的作用，反映到关联主体方面。关联主体是科技创新政策的市场反馈效果的体现。关联主体再将科技创新政策的影响通过产业链最终影响社会公众，也是科技创新政策的市场反馈效果。同时，在"大众创业，万众创新"的社会背景下，关联主体和社会大众也是潜在的创新主体。因此，受益主体、关联主体和社会公众是科技创新政策实施机制的关键节点。

综上所述，科技创新政策制定主体、宣传主体、执行主体和科技创新政策的受益主体、关联主体和社会公众共同构成了科技创新政策落实机制的关键节点（见图 5 - 1）。

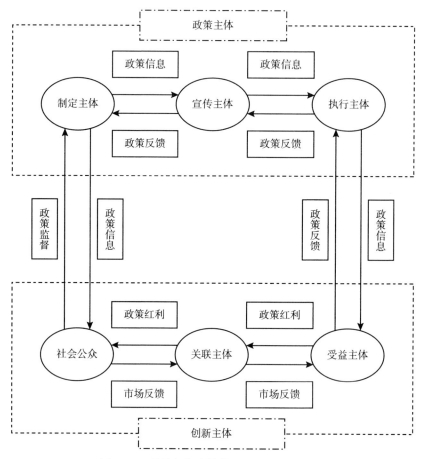

图 5 - 1 科技创新政策落实机制的关键节点

5.1.3 科技创新政策落实机制的重要链式环节

通过定位科技创新政策落实机制的六个关键节点，政策"制定主体—宣传主体—执行主体—受益主体—关联主体—社会公众"，可以形成科技创新政策落实机制的三条重要链式环节。

（1）科技创新政策落实的时间链式环节。科技创新政策制定出台后，在政策的宣传环节，对科技创新政策的解读、宣讲到执行主体对接受益主体。通过税务、金融、科技等主管部门，落实政策使受益主体享受政策红利，帮助其更好地实现创新诉求。在受益主体享受科技创新政策红利后，通过市场反馈给关联主体，关联主体再反馈给社会公众。社会公众对科技创新政策的社会反馈和监督又不断完善科技创新政策的制定。因此，通过科技创新政策制定主体、宣传主体、执行主体、受益主体、关联主体和社会公众6个关键节点串联，形成了科技创新政策落实机制的时间链式环节。

（2）科技创新政策落实的功能链式环节。科技创新政策制定主体、宣传主体和执行主体共同构成了政策主体，科技创新政策受益主体、关联主体和社会公众共同构成了创新主体。通过6个关键节点，科技创新政策的功能通过财税优惠、金融支持、技术研发、人才队伍、科技投入、社会服务和知识产权具体措施实现。其中，财税优惠和金融支持实现科技创新政策的经济服务功能。技术研发、人才队伍和科技投入实现科技创新政策的技术服务功能。社会服务和知识产权实现科技创新政策的社会服务功能。作为创新主体，根据其市场定位和发展战略确定其创新需求，进而选择对应的科技创新政策学习、吸收，通过内化、应用相关科技创新政策，进行创新活动，创造科技成果，将不同领域、不同功能的政策红利转化为市场红利，分享给相关关联主体和社会公众。最终，政策制定主体、宣传主体、执行主体、受益主体、关联主体和社会公众串联，实现了科技创新政策的经济服务、技术服务和社会服务功能。

（3）科技创新政策落实的逻辑链式环节。政策制定主体、宣传主体、执行主体和受益主体、关联主体和社会公众6个科技创新政策实施机制的关键节点构成了科技创新政策供给到科技创新活动需求的逻辑链式环节。制定主体、宣传主体和执行主体共同构成的政策主体是科技创新政策的供给主体，受益主体、关联主体和社会公众共同构成的创新主体是科技创新政策的需求主体。

6个关键节点遵循了科技创新政策资源从政策主体到创新主体的逻辑顺序，是国家在尊重科学规律的基础上通过科技创新政策干预创新活动的逻辑过程。政策制定主体在确定政策目标后通过系统设计科技创新政策，围绕不同的政策功能设计政策措施，优选合理政策组合，出台具体的科技创新政策。宣传主体在确定宣传目标的基础上系统设计宣传方案，通过形式多样的宣传方式和宣传途径，不断优化升级宣传渠道，实现政策信息的传播。政策执行主体在明确具体政策目标的基础上系统设计执行方案，对不同内容和层级的创新活动细化执行步骤和程序，对接科技创新政策供给和创新主体的科技创新政策需求。受益主体根据自身发展的需求接收科技创新政策信息，对相关内容理解、学习，在自己研发能力和政策学习能力的基础上，通过内部职能部门应用相关科技创新政策，实现政策红利。

关联主体和受益主体通过产业链的关系享受到了科技创新政策的红利。最终这种科技创新政策红利也受益于社会公众。政策红利同样提高了受益主体、关联主体和社会公众的从事创新活动的意愿和机会。最终，政策制定主体、宣传主体、执行主体、受益主体、关联主体和社会公众串联形成了从供给到需求的创新活动逻辑关系链。

5.1.4　科技创新政策落实机制的三维结构

（1）科技创新政策落实机制的一维传导。科技创新政策落实的一维传导机制是建立在时间链式环节的基础上。按照时间链式环节，从科技创新政策制定开始，经历科技创新政策宣传到科技创新政策执行，再到创新主体对科技创新政策的学习，对科技创新政策吸收理解后内化，最后通过各类创新主体的技术成果等形式表现为科技创新政策的应用，即一维传导表现为科技创新政策的"制定—宣传—执行—学习—内化—应用"。

科技创新政策信息流从政策制定者出发，形成不同方向的政策信息流。一条是从科技创新政策制定者到政策宣传者，再到政策执行者，在整个科技创新政策主体系统内部形成政策信息流的传导。通过政策执行者，政策信息流进入创新主体系统。在市场环境下，政策信息转化为政策红利。最终，由社会公众通过政策监督返回到政策制定主体。这是科技创新政策落实的正向流（见图5-2）。另一条是从科技创新政策制定者到社会公众，在创新主体系统内部，社会公众通过市场反馈把政策效果传导给关联主体，关联主体再传导给受益主体，受益主体将政策反馈给执行主体，通过执行主体反馈到宣传主体，最终反馈给政策制定主体。这是科技创新政策落实的逆向流（见图 5 – 3）。因此，科技创新政策实施的一维传导机制是在时间维度下形成的"政策信息—政策红利—政策监督"和"政策信息—市场反馈—政策反馈"。

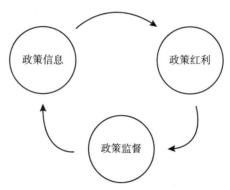

图 5 – 2　科技创新政策落实的一维正向传导

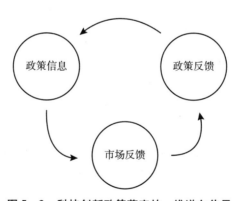

图 5 – 3　科技创新政策落实的一维逆向传导

（2）科技创新政策落实机制的二维传导。科技创新政策落实的二维传导机制是建立在时间链式环节和功能链式环节的基础上。通过科技创新政策落实实现科技创新政策的经济服务功能、技术服务功能和社会服务功能。科技创新政策的经济服务功能具体表现为财税优惠和金融支持。通过科技创新政策中的财税优惠类政策，对各类创新主体，尤其是对高新技术企业、科技型中小企业的财政扶持、对企业的财政补贴、税收减免和优惠，帮助各类企业降低研发成本，鼓励企业从事创新活动。通过科技创新政策中的金融支持类政策，拓宽创新主体的融资渠道，增加研发投入，加快技术创新。科技创新政策的技术服务功能具体表现为技术研发、人才队伍和科技投入。通过科技创新政策中的技术研发类政策规范技术标准，提高研发条件和水平。通过科技创新政策中的人才队伍政策关注创新人才，建立完善的人才培养、人才引进、人才激励和人才流动政策。通过科技创新政策中的科技投入类政策，提高科技投入基础设施和基础条件，保障科技创新活动的开展。

通过这3类科技创新政策整合科技资源和创新要素，实现技术服务功能。科技创新政策的社会服务功能具体表现为社会服务类和知识产权类政策。通过完善科技平台、孵化器等科技服务，加快科研成果的转化和应用，提升科技创新的社会服务质量。通过知识产权确权，保护知识产品，使知识产品成为竞争优势，提高各类创新主体的创新积极性，加速市场化创新速度。

因此，科技创新政策落实功能维表现为财税优惠、金融支持、技术研发、人才队伍、科技投入、社会服务和知识产权7个方面（见图5-4）。时间维表现为科技创新政策落实的时间进度，科技创新政策的制定、宣传、执行、学习、内化和应用。由时间维和功能维共同构成了科技创新政策落实的二维传导机制。

（3）科技创新政策落实机制的三维传导。科技创新政策落实的三维传导机制是建立在时间链式环节、功能链式环节和逻辑链式环节的基础上。

科技创新政策落实中6个关键节点构成了创新活动的逻辑链式环节。政策制定主体、宣传主体、执行主体、受益主体、关联主体和社会公众通过明确目标，确定各个关键节点在不同时间维度的科技创新政策的供给职责和需求意愿，通过具体职能部门系统设计不同功能的科技创新政策的实施路径。具体表现为，在政策主体内部制定主体、宣传主体和执行主体，在尊重科学规律和创新规律的前提下，针对财税优惠、金融支持、技术研发、人才队伍、科技投入、社会服务和知识产权 7 类科技创新政策功能合理定位政策目标，系统设计政策宣传、执行方案，在宣传和执行主体内部明确职责合理分工，深入分析方案后不断优化路径，确定最优方案后进入决策实施过程。

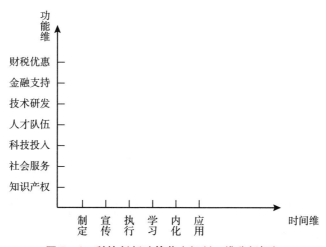

图 5 - 4　科技创新政策落实机制二维分析框架

在创新主体内部受益主体、关联主体和社会公众，围绕自身发展阶段、经营范围、创新诉求和方向，明确不同功能的科技创新政策需求目标。系统设计科技创新政策的学习理解和内化应用方案，深入分析方案后优化学习、内化路径，选择最优方案进入创新主体内化吸收，完成决策实施。最终形成从科技创新政策供给到需求的逻辑关系。因此，科技创新政策落实的逻辑维表现为明确目标、系统设计、方案分析、优化选择和决策实施。时间维、功能维和逻辑维共同构成了科技创新政策落实机制的三维传导（见图 5 - 5）。

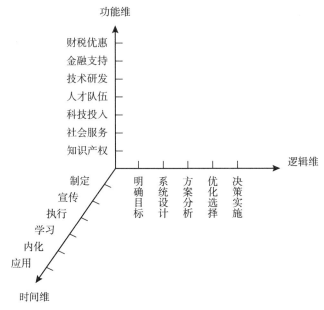

图 5 - 5   科技创新政策实施机制三维分析框架

5.2   机制视角下科技创新政策落实"最后一公里"存在问题分析

5.2.1   关键节点有缺失

从政策主体角度，科技创新政策落实"最后一公里"过程中强调政策制定主体和执行主体的主导作用，宣传主体的作用不突出。从创新主体角度，科技创新政策落实"最后一公里"过程中更多关注创新活动的直接参与主体，而忽视潜在的创新主体。关键节点缺失造成政策信息传导环节无法发挥最大效应。

5.2.1.1 宣传主体模糊化

科技创新政策落实的政策主体主要包括政策制定主体和政策执行主体。河南省人民政府、河南省科技厅、河南省财政厅、河南省教育厅等政府部门是典型的政策制定主体。财政、税收、金融、科技等业务部门是科技创新政策的执行主体。宣传工作一般由政策执行部门负责,呈现出谁执行谁宣传的形式,宣传主体的独立性被模糊化,不利于政策信息的传播。同时执行主体的工作内容繁多,往往涉及具体业务的处理而忽视政策前期的宣传工作。缺乏独立的政策宣传主体使得政策信息传播工作被弱化,无法进行职权分工和责权分配。各个政策执行主体从自身业务出发对政策内容的宣传采取"自选动作",造成宣传内容不全面、不完整,创新主体从不同执行部门接收到零散、片面的政策信息,不利于创新主体对科技创新政策的学习内化。

5.2.1.2 忽视关联主体和社会公众

根据调研情况,反映出科技创新政策落实机制键节点中,重视政策直接受益主体,而忽视关联主体和社会公众。政策受益主体是科技创新政策信息的接受者,也能够利用政策信息实现政策红利的产业实体,能够直接创造财富和经济效益。因此,政策受益主体是政策关注的重要群体,也是产业升级的主力军。然而,政策落实效应不仅仅是当下的高企倍增等数量式增长,而应是整个社会的可持续的创新能力和竞争力的提升。关联主体大多是产业链上下游相关的企业,关联主体作为关键节点是通过产业链传导延长政策效应,让创新效果惠及产业链上下游,实现对产业链升级改造。或是通过产业进化倒逼上下游企业创新发展,提高在产业链上的竞争力。社会公众是政策效果的监督者,也是技术创新和产业升级的受益者。社会公众对政策的评价具有客观公正的特点,坚持以人为本是科技创新政策落实效果的导向性评价。应进一步拓展社会公众对政策落实监督和评价渠道,建立政策定制、政策宣传、政策执行全过程、全阶段的社会公众监督和评价体系。

5.2.2 重要链式环节不健全

重要链式环节由时间链式环节、功能链式环节和逻辑链式环节构成。通过对科技创新政策落实"最后一公里"机制分析，功能链式环节中各功能组成比例失调，逻辑链式环节中政策主体的供给与创新主体的需求之间存在一定差异。

5.2.2.1 功能链式环节存在比例失衡

功能链式环节是按照科技创新政策内容不同实现的。其基本的三大功能分别是：通过财税优惠类和金融支持类科技创新政策实现经济服务功能。通过技术研发类、科技人才类和科技投入类科技创新政策实现技术创新功能。通过社会服务类和知识产权类政策科技创新政策实现社会服务功能。

从河南省科技创新政策供给内容分析，经济服务功能占比为13%，技术创新功能占比为63%，社会服务功能占比为24%（见图5-6）。科技创新政策的三大功能基本具备，但是存在比例失衡，经济服务功能所占比例与技术创新功能所占比例存在较大差距。这种现象反映出河南省科技创新政策落实机制功能链式环节中，政策着力点在实现技术创新功能，而忽视经济服务功能。科技创新政策不仅要为科技创新活动提供技术创新支持，同样也需要经济服务和社会服务，平衡三大功能，构建相对均衡的功能链式环节是未来的政策落实机制调整方向。

5.2.2.2 逻辑链式环节存在供需差异

科技创新政策落实"最后一公里"的逻辑链式环节是从政策主体的政策供给到创新主体政策需求的逻辑过程。科技创新政策落实现状分析反映出，政策主体的政策供给和创新主体的政策需求之间存在供需差异。在调查中发现，创新主体对降低创新成本、提供资金支持的需求较为强烈，其中认为创新成本过高，希望降低创新成本的诉求占到50.17%，认为缺乏资金支持，希望提供资金支持的诉求占到 40.47%。在政策供给中财税优惠类科技创新政策主要通过财政补贴和税收优惠降低企业创新成本，科技金融类政策主要帮助企业融资解决资金困难问题，助力企业创新成长。但是这两类政策在整体政策供给比例中只有 6% 和 7%，在 6 类政策供给中位于第六位和第五位。财税优惠类和科技金融类政策的低供给与创新主体在这方面的高需求形成较大差异，造成供需不匹配。未来科技创新政策落实逻辑链式环节中应重点围绕创新主体的政策需求，提供高质量的政策精准供给服务，形成完善的重要链式环节，建立健全科技创新政策落实机制。

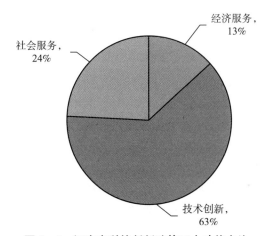

图 5 - 6　河南省科技创新政策三大功能占比

资料来源：根据调查数据统计所得。

5.2.3　三维传导有阻滞

科技创新政策落实机制的三维传导包括时间维、功能维和逻辑维。科技创新政策落实机制三维传导有阻滞，具体体现为以下三个方面：

5.2.3.1　时间维上执行和学习之间有断层

通过时间维政策信息从政策主体向创新主体传导。从当前科技创新政策落实现状上看，政策制定、宣传、执行阶段主要由政策主体负责，学习、内化、应用主要由创新主体负责。政策主体普遍认为进行了政策执行这一环节就完成了任务，对于创新主体是否学习了政策，进而如何内化应用并不关心。而创新主体基于其所在行业和涉及产业关注的政策信息有限，没有精力也没有能力深刻领会政策信息，进行政策内化。对于一些倡导性的科技创新政策，创新主体主动执行少，被动学习多。这种执行和学习之间的断层阻碍了政策信息传播，影响了科技创新政策落实。同时，学习渠道调查显示，创新主体主要依靠政府举办的政策宣讲会、微信公众号获取信息，也从侧面说明创新主体学习渠道的单一性，更多依赖政府部门。而这些政策宣讲部门往往也是具体政策执行部门，他们既承担了政策的宣传又承担了政策的执行，难免会出现顾此失彼的情况。

5.2.3.2 功能维上政策功能未充分发挥

从政策供给内容所反映的河南省科技创新政策落实功能大小序分别为科技投入、社会服务、技术研发、人才队伍、金融支持、财税优惠6大功能。其中缺少知识产权功能，其原因可能是知识产权类政策法律位阶较高，由全国人大制定，所收集的政策文本中没有涉及省内的知识产权相关政策。财税优惠类和金融支持政策由于其激励性的特质，对于创新主体的吸引力较高。但是这两大功能排位却在最后。根据对"科技贷"政策的调研，结果显示企业对政策了解的情况下申请意愿不高，说明其政策功能并未充分发挥。因此，财税优惠和金融支持类政策对创新主体在成本和融资方面的优惠作用还有待提高。此外，由于人才引进、人才激励和人才流动能够快速实现人才集聚的优势，当前人才队伍类政策更多关注以上3个方面，而对于人才培养需要长期持续投入，政策对此关注相对较少。未来应建立全面均衡的人才队伍功能目标，关注培养一流人才为河南省创新高地建设提供可持续竞争力。

另外，科技投入位于河南省创新政策落实功能链首位，其内容涉及基础设施建设、实验室和创新中心建设、科研项目管理与经费投入等，说明政府积极应对科技创新活动，为科技活动提供较多的基础设施和经费支持，但在调研"政府响应"中所反映的数据显示，河南省内的企业在政府响应平均得分为 3.6 分，低于全国平均分 3.7。政府政策高供给和低评价的反差，说明科技投入类政策功能还并未充分发挥。

5.2.3.3　逻辑维上缺乏系统设计

逻辑维上缺乏系统设计表现为两个方面：一是政策主体在宣传和执行中，由于宣传主体和执行主体定位不清，无法明确职权和分工，缺少方案分析和优化路径的设计环节，更无优化策略的环节和步骤，直接从制定宣传方案到决策实施。为追求政策效果快速实现，甚至有些政策直接从制定到执行，缺少宣传环节，创新主体政策认知低。二是创新主体在学习和内化过程中，也很少明确学习目标，根据学习目标系统设计学习方案，进而对进行方案分析，根据企业发展现状和竞争优势优化选择。企业学习内化的过程往往是随着企业发展需求进行，为了企业生存发展进而寻求政策帮助，学习政策内容，利用政策信息实现政策红利。这种"头痛医头，脚痛医脚"的政策学习内化路径，使企业缺乏长期发展的规划，仅在生存线上下活动，缺乏持续创新的动力和未来发展的潜力。因此，政策主体和创新主体在科技创新政策落实逻辑维上缺乏系统设计，影响了政策落实机制的运行。

5.3　机制视角下的科技创新政策落实"最后一公里"对策建议

针对科技创新政策落实机制存在的以上问题，分别从建立多元主体参与的关键节点、完善链式环节和建立高效传导的三维落实机制 3 个方面提出对策建议。

5.3.1　建立多元主体参与的科技创新政策落实"最后一公里"关键节点

科技创新政策落实机制的关键节点是政策落实工作推进主体，政策制定主体、宣传主体、执行主体和政策受益主体、关联主体和社会公众，分别承担着不同的落实职责，建立多元主体参与的科技创新政策落实"最后一公里"关键节点是构建科技创新政策落实机制有效运行的前提，也是推进政策扎实落地的首要步骤。

5.3.1.1 重塑宣传主体地位

政策宣传主体承担着政策信息传播、政策学习辅导的重要职能。政策宣传工作需要面对数量众多、需求不同的创新主体，涉及工作内容多，程序复杂。通过重塑宣传主体的独立地位，将政策宣传工作从政策执行主体剥离出来。独立的宣传主体能够有更多精力从事科技创新政策宣传工作，一方面是针对政策受益主体的宣传，满足企业和科研院所的创新活动，为其提供政策帮助与辅导。另一方面是针对社会公众的宣传，目的是提升社会的科学素养，树立崇尚科学、用于创新的社会氛围。

通过全覆盖的宣传和针对性地辅导，实现政策信息深度交流，满足创新主体从宣传了解到真正领会学习的宣传目的，为后续政策执行主体开展执行工作奠定基础，同时也为受益主体的学习内化做好准备。实现宣传主体独立地位可探索通过第三方机构、政策执行主体内部的职责分工或从业务部门、高校、科研院所选调部分骨干组成专门机构开展专项工作。

5.3.1.2 发挥关联主体和社会公众的纽带作用

关联主体受到科技创新政策间接影响，也是潜在的创新活动主体。由于产业链的关联关系，他们受政策受益主体的影响而改进技术、提升工艺水平，紧跟受益主体的创新步伐。同时，产业链上下游企业共同创新发展又促进了产业升级。在创新政策的影响下，受益主体创新发展带动关联企业创新，随之所在产业发展呈现螺旋上升发展态势。从某种角度，关联主体延长了科技创新政策效应，扩宽了政策影响面，是政策红利向市场红利转变的关键。因此，发挥关联主体在产业链上的联动作用，扩大政策影响力，以创新链推进产业链升级，实现科技创新政策扎实落地。

社会公众在科技创新落实机制的作用主要体现在两个方面，一个是从宣传主体获取政策信息，另一个是从关联主体获得市场反馈。社会公众是科技创新政策落实的一维传导的关键节点，在科技创新政策落实的正向流中联结了政策监督与政策信息，在科技创新政策落实的逆向流中联结了市场反馈和政策反馈。因此，社会公众在科技创新政策落实机制中具有纽带作用。社会公众通过宣传主体获取政策信息后，对科技创新政策的监督形成了科技创新政策落实的一维正向传导。科技进步、技术创新的成果惠及社会公众，社会公众是市场红利的享有者，也是政策效果的直接感受者。因此，社会公众应有权利参与对科技创新政策的评价，通过市场反馈和政策反馈传导给政策主体，形成政策落实的一维逆向传导。

综上所述，通过重塑宣传主体，发挥关联主体在产业链上的纽带作用，发挥社会公众在科技创新政策传导上的纽带作用，串联政策制定主体、宣传主体、执行主体、政策受益主体、关联主体和社会公众，形成多元主体参与的科技创新政策落实机制关键节点。

5.3.2　完善科技创新政策落实"最后一公里"链式环节

通过建立相对均衡的功能链式环节、供需匹配的逻辑链式环节，稳步推进时间链式环节，串联多元创新主体，点线结合完善科技创新政策落实"最后一公里"链式环节。

5.3.2.1　建立相对均衡的功能链式环节

针对河南省科技创新政策落实功能链式环节存在的问题，未来应在政策工具的组合利用上进一步发挥作用，提升功能链式环节的经济服务功能。充分利用财政补贴、财税优惠、产业扶持、信贷组合、科技保险、期货基金等多种政策工具，形成经济服务功能政策网。

针对不同发展阶段的科技型企业采用不同政策组合，对孵化期企业重点放在"产业扶持＋财政补贴＋财税优惠"政策组合，帮助其进入市场门槛；对成长期企业重点在"融资服务＋信贷组合＋财政补贴＋财税优惠"政策组合，满足其资金需求，帮助其迅速成长；对成熟期企业重点在"科技保险＋期货基金＋财政补贴＋财税优惠"政策组合，降低创新风险，鼓励其持续研发。精准设计政策组合，提升政策吸引力，为创新主体提供风险保障、融资投资服务，鼓励创新主体勇于创新、敢于创新，提升科技创新政策为经济服务的能力和程度，形成经济服务、技术创新和社会服务三大功能相对均衡的功能链式环节。

5.3.2.2　建立供需匹配的逻辑链式环节

针对政策主体和创新主体缺乏系统设计的问题，应从政策供给和政策需求角度进行系统设计。深入创新主体开展创新主体诉求大调研，围绕政策认知、创新环境、基础设施，人、财、物等创新资源的现状和需求开展摸底调研，重点对高新技术企业、科技型中小企业、高校、科研院所等创新主体在资金来源、技术研发、成果转化、人才培养等方面的发展现状和制约因素进行调研，形成一手数据和材料，全面掌握创新主体的政策需求，分行业对其需求归类整理，梳理重点产业领域创新主体的代表性诉求。以创新主体的政策需求为导向，进行政策供给侧结构性改革，满足不同创新活动类型、不同产业类型、不同发展规模的创新主体的创新诉求，瞄准需求系统设计政策供给内容、政策宣传、执行方案，在政策执行过程中不断优化路径，建立供需匹配的科技创新政策落实逻辑链式环节。

5.3.3　建立高效传导的三维落实机制

通过畅通科技创新政策信息渠道、细化科技创新政策落实步骤、理顺科技创新政策落实回路，激活科技创新政策落实时间维、功能维和逻辑维，建立高效传导的三维落实机制。

5.3.3.1　畅通科技创新政策信息渠道

串联政策执行到政策学习，打通政策信息由政策主体到创新主体的流动，疏通政策信息传播堵点，畅通政策信息渠道。根据科技信息传播的特点，将科普工作和科技政策宣传工作相结合，充分利用信息化、智能化传播手段，改变传统政策宣传渠道，以公益广告、专家直播、短视频等新型传播形式，扩大政策宣传面，提升传播速度，增大信息容量，形成科技创新政策信息全民共享。

广大基层科技政策宣传人员是信息阻滞的疏通工，要进一步树立服务意识，做好政策信息的宣传员、政策落实的监督员和科技项目的服务员。保证宣传工作常讲常新，跟上技术更新的速度和企业需求的速度，要结合企业的生产、研发、转型来开展工作，让政策信息为企业所用，成为企业创新发展的"及时雨"。利用大数据技术，对相关企业推送最新的相关政策，实现政策信息精准投递。通过畅通信息全覆盖和精准投递两种传播渠道，瞄准堵点，打通信息传播盲区，扩大信息传播辐射范围，实现政策信息传播的高质高效，为科技创新政策普及、吸收、内化做好准备，提高科技创新政策落实机制时间维传导速度，也为功能维和逻辑维高效传导奠定基础。

5.3.3.2　细化科技创新政策落实步骤

政策主体之间要协同推进落实工作，围绕政策落实目标，系统设计落实步骤，做好做实每个环节，实现政策落实环节严谨、层次清晰、分工明确，政策执行部门由上至下畅通无阻，联合执行部门协同配合的运行状态。科技创新政策执行部门确定清单式落实步骤，对政策目标进行分解，按步骤对实施任务进行细化，对关键任务和薄弱环节以时间节点推进。将对科技重点项目、重点科技创新政策落实情况的督办作为常态工作，运用信息技术手段，建立科技政务督办信息管理系统，各个环节实施电子化管理、电子化督办，实施政务管理智能化，有利于管理部门及时了解科技创新政策落实程度，保证政令畅通。通过规范科技创新政策落实机制逻辑维落实步骤，激活科技创新政策落实机制功能维政策效果，提升时间维推进速度。

5.3.3.3　理顺科技创新政策落实回路

理顺政策监督与政策执行的关系，构建监督有效、调整及时的政策科技创新政策落实回路，在多部门联合执行过程中能够适时调整，优化实施决策。针对政策落实中的阻力问题，及时解决路径障碍，形成既能高效推进又能快速反馈的政策落实最优路径。通过建立政策落实监督和评价体系，形成科技创新政策落实回路。培养优秀的政策服务和业务服务的骨干队伍，完成对科技创新政策执行的业务监督，形成从政策执行到政策监督，再从政策监督到政策执行的落实回路，实现技术落实、科技推广、补贴到位，保证科技创新政策落实功能维上经济服务、技术创新和社会服务三大功能的实现。

此外，通过加强纪检监督和行政监察理顺科技创新政策落实回路。对基层业务部门和具体工作人员在政策执行行为合法性、政策执行程序的规范性、执法权限的正当性方面进行督察和问责，保证科技创新政策落实路径畅通。

综上所述，科技创新政策落实机制是在尊重科技创新活动科学性的前提下，为实现科技创新政策预期效果，多元科技创新政策实施主体在合法合规的程序下参与的开放包容的科技创新政策传导机制。科技创新政策制定主体、宣传主体、执行主体和科技创新政策的受益主体、关联主体和社会公众共同构成了科技创新政策落实机制的关键节点。时间链式环节、功能链式环节和逻辑链式环节共同构成了科技创新政策落实机制的三条重要链式环节。时间维、功能维和逻辑维共同形成了科技创新政策落实机制的三维结构。

科技创新政策落实机制中宣传主体模糊化、忽视关联主体和社会公众，造成关键节点有缺失。功能链式环节存在比例失衡、逻辑链式环节存在供需差异，造成了重要链式环节不健全。时间维上执行和学习出现断层、功能维上政策功能未充分发挥、逻辑维上缺乏系统设计，造成三维传导有阻滞。为此，通过重塑宣传主体地位、发挥管理主体和社会公众纽带作用，建立多元主体参与的科技创新政策落实"最后一公里"关键节点。通过建立相对均衡的功能链式环节、建立供需匹配的逻辑链式环节，完善科技创新政策落实"最后一公里"链式环节。通过畅通科技创新政策信息渠道、细化科技创新政策落实步骤、理顺科技创新政策落实回路，建立高效传导的三维落实机制。

专栏 5 – 1   科技创新政策落实"最后一公里"机制分析

理论分析		存在问题	对策建议	
6 个关键节点	关键节点有缺失	宣传主体模糊化	建立多元主体参与的科技创新政策落实"最后一公里"关键节点	重塑宣传主体地位
		忽视关联主体和社会公众		发挥关联主体和社会公众纽带作用
3 条重要链式环节	重要链式环节不健全	功能链式环节存在比例失衡	完善科技创新政策落实"最后一公里"链式环节	建立相对均衡的功能链式环节
		逻辑链式环节存在供需差异		建立供需匹配的逻辑链式环节
三维结构	三维传导有阻滞	时间维上执行和学习有断层	建立高效传导的三维落实机制	畅通科技创新政策信息渠道
		功能维上政策功能未充分发挥		细化科技创新政策落实步骤
		逻辑维上缺乏系统设计		理顺科技创新政策落实回路

第6章 科技创新政策落实"最后一公里"影响因素与对策分析

基于第 3 章和第 4 章的科技创新政策落实"最后一公里"现状分析，第 5 章设计了科技创新政策落实机制，在科技创新政策落实机制分析框架内提出科技创新政策落实"最后一公里"存在的问题，并从机制视角提出解决对策。本章在系统分析科技创新政策落实"最后一公里"影响因素的基础上，从因素视角提出科技创新政策落实"最后一公里"存在的问题，并提出对策建议。

6.1 科技创新政策落实"最后一公里"影响因素分析

6.1.1 科技创新政策供给

科技创新政策供给反映了国家对科技创新领域中的政策干预，是国家通过财政、金融、人才、技术、基础设施等方式对科技资源的调控，体现了国家对科技创新领域的资源配置。科技创新政策供给是国家在科技领域中政策的基本情况，是科技创新政策落实的起点。

已有的研究中学者们对政策供给的重要性给予肯定。国外学者罗杰斯（Rogers，2016）、马克斯和沃尔丹（Makse & Volden，2011）、考尔蒂（Cortty，2014）等从政策供给的内容属性出发，考察其对政策扩散过程的影响。国内学者研究政策落实相关问题时也将"政策供给"作为因素考虑（方齐等，2022）。金培振（2019）、谢卓霖（2021）、陶长琪（2022）等针对政策供给的稳定性、适应性问题进行了深入分析。

在衡量科技创新政策供给时，从三个方面考虑：

第一，科技创新政策供给的稳定性。赵成根（1998）认为政策稳定性是指，在政策实施期限范围内，政府需维护该项政策的权威性、持续性和一致性，非重大、特殊原因不可废除或对政策进行深度调整。政策稳定性体现为政策目标、政策手段、政策效果等在不同阶段具有的一致性和继承性。科技创新政策供给越稳定，政策的持续性越强，越有利于政策落实。"政策稳、信心足"，稳定的科技创新政策能够给市场传递正面信号，让创新主体潜心科研、安心发展。

第二，科技创新政策供给的健全度。从科技活动所依赖的技术标准衡量政策供给。科技创新活动中依赖众多技术标准，这些技术标准是从事创新活动的基本尺度。技术标准越健全，科技创新政策供给质量越高，越有利于科技创新活动。技术规范和标准健全的科技创新政策对于科技企业的产业遴选、市场准入、项目涉足、投资重点等具有持续的导向作用，有利于科技型企业对创新领域的认知深化、创业前景判断以及发展方向的确定。

第三，科技创新政策供给的充足度。从政策供给充分性衡量政策供给。科技创新政策供给充足，才能满足不同领域、不同创新主体的创新需求。科技创新政策的稳定性、健全度和充足度越强，科技创新政策主题的聚焦效果越明显，政策叠加效应越突出，科技创新成效随之彰显。

综上所述，科技创新政策供给是科技创新政策落实的影响因素之一。

6.1.2　创新主体的创新能力

在已有的研究中，学者们提出创新主体对创新政策落实具有重要影响。阿诺德（Arnold，2015）、布朗（Brown，2015）等人从不同角度考察了创新主体特性对创新政策落实的影响。尤其是科技创新活动中，创新主体的创新能力已成为核心竞争力。

波特（Porter，1990）在其著作 *Competitive Advantage of Nations* 中提出了创新能力对国家竞争力的重要性，他认为创新驱动是推动公司和国家增长的核心因素之一。卡米森（Camisón，2004）提出创新能力的概念，他将创新能力定义为以企业的能力来创造、整合和利用知识资源，从而在市场上获得竞争优势。维拉斯科（Benavides – Velasco，2008）认为，创新能力包括知识获取、知识转化和创新实施等多个方面。他建议建立一个有机的创新管理系统来提高创新能力。范玉树、顾欣、苗畅（2014）提出了企业创新能力的总结性定义，即"企业创新能力是企业以市场为导向至关重要的战略资源，包括企业创新资源、创新流程和创新管理能力等方面"。鲁扬、董永富（2018）等学者从不同的角度提出了创新能力的影响因素，其中包括组织创新文化、组织创新氛围、组织创新控制等问题。总之，创新能力的概念和内涵是广泛的，学者们从不同的角度进行了阐述。创新能力是企业和国家在市场竞争中获得优势的关键因素之一，建立创新管理体系，加强创新文化建设和组织创新控制等方面的努力，是提高创新能力的重要途径。

陈玲（2017）指出，科技政策是提高创新能力的重要支撑，而企业的创新能力则是政策实施的基本载体和前提条件。企业通过加强科研投入和技术创新，实现科技政策的转化和落实，同时政策也会引导和激发企业的创新活力和创新行为。许峰、黄琪（2019）在其研究中指出，企业创新能力是实现科技创新政策的手段和基础。政府引导和扶持企业开展技术创新活动，尤其是加强政策创新和服务保障方面，有助于提升企业的创新能力和创新水平，进而实现国家科技创新战略和政策目标。曾斌、夏琳（2019）研究表明，企业创新能力的提升可以帮助政策的顺利落实，同时政策的出台和支持可以促进企业创新水平的提高。企业应当加强科技创新和技术转化的能力，不断推动企业科技创新的进一步发展。郭晓岩、陆巍（2020）认为，企业的创新能力对于科技创新政策的顺利落实至关重要。政策的落实可以引导和扶持企业的技术创新和研发活动，同时企业的创新能力和创新思维也可以帮助政策落实，推动科技创新政策的顺利实施和落地。

综上所述，企业的创新能力与科技创新政策落实之间的关系得到众多学者的研究和验证，政策的支持和企业的创新能力是相互促进的。企业的创新能力可以帮助科技创新政策的落实，在科技成果转化、技术共享、产业引领、核心竞争力提升等方面，为政府的科技创新政策提供有效的支持和保障。

在实践中，对企业创新能力以量化方式衡量是我国在科技资源配置上的新举措。科技部火炬中心于2020年12月在杭州高新区、广州高新区等13个国家的高新区率先启动了首批企业创新积分制试点，实现财政资金支持、科技项目、用地指标、人才住房等政策与企业创新积分有效衔接。2022年5月，科技部火炬中心公布了"创新积分500"企业名单。企业创新积分制以量化方式反映中小科技企业的创新发展程度，通过积分的高低客观反映不同企业的创新发展差距。通过企业创新积分精准识别和有效发现创新能力强、成长潜力大的科技企业，主动为积分企业增信授信，引导技术、资本、人才等各类创新要素资源向企业集聚，助力科技企业快速成长。

创新能力较强的创新主体创新活跃度较高，在新技术、新产品的研发方面有较强的优势，科技创新政策的需求较高，因此，创新主体创新能力越强，其越期望得到政策的支持，在科技创新政策落实方面较积极。

综上所述，将创新主体的创新能力作为科技创新政策落实"最后一公里"的影响因素之一。

6.1.3　创新主体的政策认知

政策认知指对现有国家政策认识与知晓的程度，是人们理性地评价政策、参与政策、贯彻政策的知识基础。与其他政策相比，科技创新政策的激励不是直接提供有形的物品，而是通过提供税收优惠和金融支撑，建立长期的科研计划和投入，宣传技术标准与规范，提供科技支持与服务，提高创新主体对科技创新政策的认知程度，以达到鼓励科研人员和技术骨干潜心研究，激发其创造活力，推动科技进步和创新创造的目的。

关于创新主体对政策认知的研究。现有文献表明，政策认知对创新主体从事创新活动有正向影响。赵超、皮莉莉（2021）以粤港澳大湾区科技创新政策的认知度为研究对象，结果显示，高科技企业对广州市科技创新政策的认知度和满意度总体处于比较了解和比较满意的水平，其认知度越高，对科技创新政策就越满意。王炜（2014）以农户对农业科技政策认知度为研究对象，研究发现农户对现代农业科技政策理解程度越高，对提高农民劳动生产力越有激励作用。

科技创新政策如果不为人所知就不能发挥应有的作用，高科技企业对科技创新政策认知度的提升是政策有效发挥效果的重要手段。创新主体的创新能力大小是其从事科技创新活动的客观反映，创新主体对科技创新政策的认知程度是其对待政策的主观态度。创新主体对科技创新政策的主观认知是其学习内化政策的前提条件。科技创新政策落实"最后一公里"中，创新主体对科技创新政策内容的学习和理解对于科技创新政策落实起到的关键作用。创新主体对政策内容是否了解、是否理解、是否受益直接影响科技创新政策的落地见效。

综上所述，将创新主体的政策认知作为科技创新政策落实"最后一公里"的影响因素之一。

6.1.4　协同创新环境

协同创新环境是指借助于网络、信息化和智能化技术，实现不同知识领域中的各类主体之间协同创新的一种环境。希佩尔（Von Hippel，1998）在20世纪90年代提出了用户驱动的创新理论，即用户已经成为创新的主要推动力量，而不再是企业，因此，需要建立用户和企业之间紧密的联系来达到协同创新的目的。切斯布洛（Chesbrough，2003）提出开放式创新概念，认为企业需要以开放的心态来面对新产品开发，充分利用周围的人才和资源，以实现协同创新。霍威（Howe，2008）提出了众包（crowdsourcing）的概念，即通过网络平台来集合大量人才和社区资源，实现协同创新，促进智慧型的经济发展。

国内学者刘思敏（2010）认为协同创新环境中的知识交流和分享是非

常重要的，需要建立一种闭环、迅速、准确、共享的知识库，以促进企业创新。邱永闯（2012）从组织外部的资源使用视角阐述了协同创新的重要性，提出应用外部资源来支持企业创新的新模式。谢晓云（2015）从团队的角度探讨了协同创新的理论，提出协同技术、协同平台、协同平台建设和协同组织架构 4 个方面的建议。也有一些学者结合数字化技术和人工智能的发展，提出了更多前沿领域的研究，如基于区块链的协同创新环境建设、人工智能在协同创新环境中的应用等。

科技创新政策的落实需要有效的协同创新环境来支持和推动。协同创新环境构建需要多方面合作，包括政府、企业、学术界和社会群体等多方的参与，必须通过建立合作机制和平台来实现。政策制定和实施过程必须与协同创新环境的建设和发展相衔接，鼓励各利益主体之间的合作和互动，以推进科技创新的共同进步。协同创新环境可以促进资源共享，如人员、设施和资金等，从而提高科技创新活动的效率和质量。

政策制定和实施应与协同创新资源建设和发展相互配合，使各种资源得到更优化的配置，为科技创新和产业发展创造更加有利的条件。协同创新环境的建设需要实现知识流动和知识共享，促进科技创新和政策落实的质量和效率。政策落实应该鼓励和支持知识共享，并向协同创新环境的建设和发展提供更多的政策支持和资源保障。协同创新促进科技创新和产业发展的新模式、新技术及服务等的涌现，为科技创新的政策进行改革和创新提供更好的平台。政策制定者需要结合协同创新环境的发展情况，加强创新性政策的设计和出台，深化政策的质量和执行。

切斯布洛（2003）是开放式创新理论的作者，他认为，开放式创新环境可以通过吸收外部创新来加强企业内部的创新能力，这对科技创新政策落实提出重要的建议。周沛芳、张华、杨振宇等（2017）提到协同创新生态环境是支撑中国科技创新战略实现的新时期科技创新的重要实践，有助于推动政府、产业、研究机构、社会组织等多方参与科技创新和协同创新。谢雷（2010）探讨了协同创新环境对科技创新政策落实的影响，并建议政策制定者要提供更多的政策支持，促进协同创新环境的发展，以实现更好的科技创新。王克斌（2018）研究了协同创新环境对科技创新政策落实的影响，提出了结合实践的案例研究方法，揭示了协同创新环境建设对推动科技创新的重要作用。

已有的研究结果认为，协同创新环境对区域产业转型、产业升级和产业分工具有重要作用。区域协同创新环境越好，不同创新主体形成创新网络，在资源共享、优势互补方面越有利，在创新政策落实方面越积极，越有利于区域产业链与创新链协同升级。

综上所述，将协同创新环境作为科技创新政策落实"最后一公里"的影响因素之一。

6.1.5　政府响应

20世纪90年代，经济合作与发展组织（OECD）与联合国环境规划署（UNEP）共同提出了环境指标的"P－S－R"概念模型，即"压力（pressure）—状态（state）—响应（response）"模型。目前国内研究中将"P－S－R"模型的应用主要在生态系统评价方面，也有学者尝试利用此模型研究了区域可持续发展问题（陈东，2004）。部分学者在采用QCA方法研究政策问题将"政府响应"归入影响因素中（王蓉娟等，2019；张海柱等，2022）。贝斯利（Besley，2002）认为，政府响应是政府对公众诉求或是偏好做出的政策回应，政府响应来源有民主选举、媒体监督、政治压力等（马亮，2016）。

政府响应本质是对中央政策的反映，地方政府在属地管理中根据自身的地方性知识、特殊性和地区性利益运用自由裁量权对中央政策采取具体化处理，从而在科技创新资源配置中做出不同选择。在部分具有较好创新资源、科技实力较强的区域，地方政府开启较为激进的响应措施，聚焦创新要素整合，以创新链为引领，铸链强链引链补链，推进创新链与产业链、价值链耦合发展。

在实践方面，济南市历下区建立了"企业呼叫、政府响应"和企业诉求"接诉即办"工作机制，并编制了《"企业呼叫、政府响应"事项指导目录》。

在科技创新政策落实"最后一公里"过程中，政府响应是政府对创新活动的反应，政府通过为创新主体提供技术指导、咨询或推广服务等方式，助力创新主体的创新活动。这种方式的政府响应，既是政府政治压力的体现也是政府主体责任的主动作为。政府响应越积极，能够为创新主体提供更为开放包容的创新环境，对科技创新政策落实越有利。不同省域的政府响应影响的是政策落实的区域环境，是政策落实"最后一公里"的区域环境因素。

综上所述，将政府响应作为科技创新政策落实"最后一公里"的影响因素之一。

6.2　影响因素视角下科技创新政策落实"最后一公里"存在问题分析

6.2.1　政策供给结构有待完善

通过前 5 章的分析，科技创新政策围绕着经济发展、技术创新、社会服务三个方面实现政策供给。其中，财税优惠类和科技金融类政策形成科技创新政策供给结构中的经济发展目标，技术研发类、科技投入类和人才队伍类政策形成科技创新政策供给结构中的技术创新目标，社会服务类政策构成科技创新政策供给结构中的社会服务目标。其中，关于经济发展的政策频数为 17，占政策总频数的 13％；关于技术创新的政策频数为 80，占政策总频数的 63％；关于社会服务的政策频数为 31，占政策总频数的 24％（如图 5 - 6 所示）。

由此可见，科技创新政策供给的基本导向是突出技术创新，尤其通过一系列的技术研发、科技投入和人才建设方面政策供给给予政策资源。围绕新型研机构建设、企业研发中心建设、技术专业体系建设和技术装备目录、基础设施建设、实验室和创新中心建设、科研项目管理与经费投入、科技人才评价与激励、人才引进等方面，实现技术创新目标。围绕郑洛新国家自主创新示范区建设、科技园区建设与管理、科技服务、高企培育、万人助万企等平台建设和主体培育实现社会服务功能。河南省科技创新政策供给结构整体目标突出，形成以政府为主导的科技政策供给趋势，在供给结构上有待进一步完善。

6.2.1.1 财税优惠类与科技金融类政策供给不足

从政策供给比例上，财税优惠类和科技金融类政策占比仅为13%。通过财税优惠类政策将国家资金转移支付或让渡给企业，从而降低企业成本，提高企业利润，推动企业进行创新活动。科技金融类政策可以拓宽企业融资渠道，增加企业研发投入，加快企业自主创新，实现创新发展。在调研中显示，阻碍企业从事创新活动的原因中，创新费用成本较高、缺乏资金支持位列前3名。

对于企业来讲，财税优惠政策的吸引力比科研机构改革政策更具吸引力，这在企业政策认知部分的调研中也显现出来。河南省创新主体对财税优惠类政策整体认知程度高于全国高认知平均水平，尤其是"高新技术企业补贴政策"的认知水平处于全国高认知的领先。在科技金融类政策认知方面，除了"中小企业信用担保政策"低于全国高认知平均水平，其他科技金融政策的认知程度均高于全国高认知平均水平。对省内的先行先试政策，如科技贷、创新券政策的认知程度均达到60%以上。这些调查反映出企业对财政税收和科技金融政策的高认知和高关注度。这与该类政策供给不足形成矛盾。

6.2.1.2 科技人才类政策供给比例不均

在技术创新政策方面，与技术研发和科技投入类政策相比科技人才类政策相对较少。在科技人才政策内容分布上，呈现出重人才激励与引进，轻人才培训的现象。河南省科技人才政策中主要内容为人才评价与激励、人才引进。其中，各类创新人才表彰为河南省人民政府颁发，政策效力较高，占比31.8%。科研人员激励政策多为科技厅和其他部门联合发布，涉及减轻科研人员负担、激发科研人员动力，占比 59%。其他政策为科技人员管理。在科技人才类政策中，没有出现科技人才教育与培训类政策，科技人才类政策内部供给比例不均。未来河南省科技人才类政策总体供给数量上应进一步增加，使之与技术研发和科技投入相适应。

在科技人才政策内部，在重视外部渠道人才引进和人才激励的同时，应注重内部渠道的科技人才培育，加快对科技人才的教育与培训政策的出台和制定，不断提升科技人才的上升渠道和创新持续力。

6.2.2　创新主体的创新能力亟须提升

6.2.2.1　资金与人才因素制约创新活动质量

调研和问卷调查显示，小微企业受到资金和人才因素的制约，没有充足的资本实力从事创新活动，对高技术人才缺乏吸引力，对研发等创新活动能力不足。企业经营中面临创新和核心业务之间的冲突，而这些企业往往更注重眼前的盈利业务，忽视需要长期投入的创新活动。尤其这几年受到疫情的冲击，中小企业面临更为严峻的生存环境，企业延迟复工、无法营业，在生存和发展两难问题上，企业首先要活下来。因此，缺乏资金的长久支持，不足以让中小企业启动重大科技攻关等高质量的创新活动。调查中高校科研人员反映的突出问题有对基础研究不受重视、申报手续复杂、申报周期过长、审批程序不透明、资金到位不及时等。

在工作条件和设施方面的突出问题主要有业务活动经费不足（75.68%）、缺乏仪器设备（56.8%）、办公场所紧张（46.49%），科研工作中缺资金、缺设备、缺场所等基础条件和设施不完善问题占比较高。反映出高校科研活动资金不足、设备不够、工作场所紧张，基础条件和资金跟不上，这些问题制约了科研工作的展开，影响了科技创新活动质量。可见，资金是制约创新活动质量的首要因素。其次，是人才因素。中小企业往往处于产业链的中下游，一般是龙头企业的追随者，在产业链中没有话语权，同时缺乏吸引人才的软硬件环境。因此，中小企业缺乏基础研究的知识储备和高端人才，在开展创新活动时也是采取吸收消化式创新或者改进或模仿创新。因此，人才因素也是制约创新活动质量的因素之一。

6.2.2.2 创新主体间合作程度影响创新活动水平

调查显示，"由本企业自行开展科技研发活动"占比74.58%，表明河南省创新主体，尤其是中小微企业习惯独立开展科研活动。而开放式创新要求，要改变传统上依赖内部资源的封闭式创新活动，向充分利用内外两种资源的开放式创新转变。因此，中小企业当前主要通过模仿方式学习生产技术，较少与高等院校和科研院所开展实质性的交流合作。由于创新主体之间的竞争与合作关系同时存在，未来企业之间的合作创新及合作程度将成为影响创新活动水平的关键因素。部分大型科技型企业凭借其在产业链上的核心技术和发展实力，与高校、研发机构通过技术嵌入形式与产业链相关企业合作形成较高形式的开放式创新。如调研的河南省新乡华为大数据产业园，充分发挥华为公司龙头效应，与国内信息产业领域科研院所、知名企业精准对接，推动大数据产业快速发展壮大。中关村e谷（新乡）科技创新基地通过引进中关村创业生态和理念，紧密结合本地产业转型和技术创新的需要，通过营造专业的创业氛围、提供全面的创业服务，加速优秀技术和项目的集聚，促进科技创新和技术研发综合能力发展。

6.2.3 创新主体的政策认知水平有待提高

通过第4章的分析，河南省创新主体除了对财税优惠类科技创新政策认知水平高于全国高认知的平均值之外，其他6类科技创新政策的高认知水平和全国都有差距。科技金融类中的4项政策和全国高认知平均水平相比，呈现出两低两高；技术研发类中的4项政策呈现出三高一低；科技投入类中的4项政策呈现出两低两高；科技人才类中的3项政策呈现出两低一高；社会服务类中的3项政策呈现出两低一高；知识产权类中的2项政策均为两低。基于以上分析，河南省创新主体对科技创新政策的政策认知水平有待加强，主要表现在以下两个方面。

6.2.3.1 缺少针对性的政策学习辅导

通过调研发现，创新主体获取政策信息的渠道主要有政府部门的宣讲会、宣传单、公众微信号上发布的信息。调查中有些政策企业没有申请政策优惠，很大一部分原因是对该政策不了解。以《新乡高新区关于推动企业提升自主创新能力奖励办法（试行）》为例，不了解该政策占到未申请政策奖励的 47.2%，近一半企业是由于不了解该政策而未申请政策奖励，政策认知直接影响政策落实。当前政策宣传和企业学习渠道以政府推动为主，宣讲会、门户网站、微信公众号、宣传单等政策信息的传递并不一定和企业的需求契合。缺少针对不同产业领域、不同规模的企业进行的政策学习辅导。针对性不强是影响政策认知的重要原因。未来，应关注重点发展的高新技术领域企业的政策学习辅导，如传感器产业领域、智能装备产业领域、生物医药产业领域、新能源领域企业的政策辅导。针对不同类型的企业进行针对性辅导，如以高新技术企业、创新龙头企业、"瞪羚"企业、科技"雏鹰"企业的及独角兽企业（后备）几个层次，进行分层学习与辅导，提升政策学习效果，提高政策认知程度。

6.2.3.2 尚未形成政策信息双向流通的政策认知路径

关于先行先试政策的调查显示，64.2% 的创新主体内部组织过科技创新政策的学习，85.6% 的创新主体和同行企业交流学习，表明河南省以企业为代表的创新主体较为重视自我学习，注重同行之间的交流学习。在高校调研中显示，科研人员在获取政策信息方面以网络学习、同行交流为主渠道。其中，60% 左右的科研人员都是通过网络学习以上 17 部政策，是政策信息获取的主要渠道。40% 以上的科研人员通过同行交流方式获取政策信息。然而，无论是通过政策宣讲会、同行交流，还是自我学习，政策信息始终是从政策主体到创新主体，由政策信息转化为政策红利的单向流动。这种政策信息的单向流动，使创新主体始终处于被动接收政策信息的地位。在政策认知过程中缺少从创新主体到政策主体的政策反馈机制。

未来应注重政策受益方的行为反馈和态度反馈，收集政策反馈信息，形成常态化的以社会公众为主的政策监督机制和以创新主体为主的政策反馈机制。通过完善政策反馈和政策监督机制构建双向流通的政策认知途径，实现"政策信息—政策红利—政策监督"和"政策信息—市场反馈—政策反馈"双向政策信息流，提升政策落实效果。

6.2.4 协同创新环境仍须改善

6.2.4.1 创新主体协同动力不足

调研中，河南省科技型中小企业与发达地区相比还存在数量偏少、规模偏小、成长偏慢、活力偏弱等不足，中小企业更追求短平快的利益，缺乏对长远利益的考虑，对基础研发领域的投资不重视，尽管不少企业有自己的研发部门，但运行效果不理想，更多通过模仿、仿制创新。高校和科研院所具较强的科研实力，但由于其评价体制，科研人员更倾向于从事基础型研究和科研论文，能够实现科技成果转化的成果不多。调查显示，近3年高校教师的科研成果转化为产品或应用于生产的仅占22.89%，成果转化率低。60.23%的科研人员认为其科技成果本身转化的成功率不高，52.07%认为缺乏科技成果后续开发的资金。此外，认为学校无激励政策或激励政策不完善的占38.63%。目前，高校成果转化渠道主要有学校技术转移中心（43.06%）、大学科技园（42.06%）、固定产学研合作伙伴（35.05%）。由此可见，高校中从事基础性研究的占比较高，部分可转化的研究成果由于缺乏后续资金和校内的激励导致成果转化率较低。调查显示，认为应提高高校科技成果转化工作者的地位和报酬的占比68.81%，表明科研人员对改进当前激励制度的迫切愿望。

政府部门重视创新平台建设，但由于人才和技术限制，使部分创新平台并未取得实质性合作和成果。目前创新主体之间的合作只是一种短期的、松散的、框架式合作的状态，其原因在于创新主体各方目标不同、发展愿景不同、性质不同，缺乏合作和共赢意识，缺乏协同创新的动力。未来应积极构建创新主体间互惠共生的创新生态利益联结机制，形成创新主体间共生共荣的网络生态系统，激发创新主体间协同合作的内在动力。

6.2.4.2　科技资源协同存在阻碍

科技资源一般包括研究实验基地、大型科学仪器设备、自然科技资源、科学数据、科技文献、科技成果和网络环境等。科技资源共享可充分释放科技资源对科技创新的支撑作用，有效降低科技型中小企业创新成本，解决企业创新过程中的难题。同时，还可充分发挥财政资金的引导作用，提高财政资金的使用效率。国家层面对科技资源共享工作高度重视，2018 年，河南省出台《河南省科研设施和仪器向社会开放共享双向补贴实施细则》，科技型企业可根据文件要求在向服务机构购买科技服务时，申领科技创新券，用于抵扣一定比例的服务费用。科技创新券重点用于购买科技创新活动的检验检测，对推动科技资源共享发挥了助推作用。但是，在科技资源共享方面仍存在一定阻碍。截至 2022 年 7 月，河南省科研设施与仪器共享服务平台信息显示，入驻平台的仪器数量 7 767 套，加盟机构 764 家，创新券使用 45 次。从入驻仪器、加盟机构数量和创新券的使用数量上看，科技资源共享平台上的资源数量少、创新券利用率低。关于创新券的调研中显示，申请该政策的企业数量仅为 39.33%，反映出企业对科技资源需求意识不强。对于科技资源拥有者，由于缺乏有效评价和激励机制、风险分担机制不健全等问题，资源拥有单位共享的积极性不高，区域科技资源相对封锁，无法形成集成优势。

6.3　影响因素视角下的科技创新政策落实"最后一公里"对策建议

6.3.1　完善科技创新政策供给

通过创新财税、金融类政策工具，精准对接创新主体需求，形成供需对接的政策服务。通过聚焦科技人才培养政策，实现"育人"与"引人"并重的科技人才支撑政策。进一步完善科技创新政策供给，实现科技创新政策有效供给，提升政策精准落实的水平。

6.3.1.1 创新财税、金融类政策

强化财税、金融类政策工具的运用，加快科技与金融深度融合。保持对科技型中小企业加计扣除比例100%的政策稳定性，持续激发科技型中小企业创新活力。探索创投基金，出台支持风投创投发展政策，引进国家级大基金和美元大基金落地，吸引更多全国、全球创新资本。同时探索培育本土创投基金，围绕河南省重点发展的传感器产业、智能装备产业、生物医药产业、新能源产业发挥创投识别、挖掘、培育优质创新项目功能，促进优质创新资源向重点产业链聚集，并利用创新资本补链、强链，按"一产业一基金"设立对应的产业基金，进一步落实"基金入豫"专项行动。建立健全科研活动与资本市场等金融基础设施的互联互通机制，帮助创新主体扩大融资渠道，实现从实验室跃上生产线，为创新活动的开展提供强有力的资金支持。

6.3.1.2 聚焦科技人才培养政策

以重要人才中心建设为抓手，推进河南教育资源优化升级，提升科技人才培养力。高校和科研院所承担了关键性技术难题和科研任务。大力推进"双一流"建设。完善高等教育体制改革，通过书院、试验班、国际班、精尖班等多种形式改革，量身定制个性化人才培养方案，配备一流师资和学术环境，为拔尖人才成长搭建平台。大力发展现代职业教育，推进"人人持证、技能河南"建设，推动劳动者技能就业、技能增收，积极搭建职业技能人才产教融合供需信息平台，从而构建"政府搭平台，企业提需求，学校和培训机构作响应"的产教融合新格局。鼓励有条件的企业特别是标杆性企业制定职业技能人才资格认证团体标准的政策性文件，举办高质量职业教育，研究和开展融合型企业认证工作，对在产教融合领域做出重大贡献的企业给予金融、财政、土地、信用等方面的优惠政策。

6.3.2　提升多元主体创新能力

6.3.2.1　整合创新资源为创新主体减负

整合"政产学研金服用"科技创新七要素，形成科技创新要素集聚，优化配置，协同联动、融合发展，推动科技创新资源供给能力，降低创新成本，激发创新活力，为创新主体减负。以构建企业为主体、市场为导向、产学研深度融合的技术创新体系为目标，充分发挥政府在资源整合中的协调作用，尊重企业在科技创新中的主体地位，发挥高校在科技人才引育中的主导作用，发挥新型研发机构在重点领域的攻关能力，引导科技金融多渠道多形式创新发展，挖掘中介组织在科技服务中的发展潜力，形成市场导向的科技成果转化机制。创新主体创新能力的提升更多的是依赖其对某一领域知识的突破，具体表现可能是技术的改进、品种的研发等。从事创新活动，创新主体需要从人力、财力、物力等方面进行长久持续的投入。大量的创新成本成为一般中小企业较重的负担，导致其创新动力不足。因此，提升创新能力的首要就是要降低创新成本。在共享经济时代背景下，整合人力要素、财力要素、物力要素和技术要素，打破要素之间的障碍，形成各要素之间的联动，共享创新要素，为创新主体利用创新资源创造新产品、传播扩散新技术和成果转化与应用等方面减负。

6.3.2.2　推进重大创新平台建设为创新主体赋能

聚焦国家发展战略和重大需求，推进重大科技创新平台建设，为创新主体赋能。坚持面向世界科技前沿、坚持面向经济主战场、坚持面向国家重大需求、坚持面向人民生命健康推进重大科技创新平台建设。在基础研究、应用基础研究、前沿技术研究和社会公益性技术研究等方面开展科学研究、人才培养等，形成自主知识产权，突破关键核心技术，抢占未来技术制高点。

结合河南省产业发展需要，聚焦种业发展、黄河流域生态保护和高质量发展、新材料与智能装备科技前沿、关键金属领域、人与动物生命健康和生物医药产业等重点领域，构建集研发、中试、产业化、工程化于一体的创新联合体，开展技术转移转化，助力产业转型升级，提升整体技术创新水平。以国家生物育种产业创新中心等国家级创新平台的"第一梯队"为领头羊，构建由省级实验室、省中试基地和省产业研究院为代表的"第二梯队"积极对标国家实验室，持续构建高水平价值共创、合作开放的创新平台，整合资源形成集成创新，让竞争优势为创新主体赋能。

6.3.3 增强政策学习内化能力

科技创新政策落实影响因素分析证明，创新主体的政策认知是影响政策落实的一个重要因素。因此，通过增强创新主体对科技创新政策的学习内化能力，提升科技创新政策认知。

6.3.3.1 探索科技创新政策辅导团制度

打造一支专业化、高素质的科技创新政策辅导团队伍，为科技活动中政策需求提供智力服务。从高等院校、科研院所、政府部门、金融机构选派具有人力资源、企业管理、专业技术、金融经济等背景的专家骨干组成科技创新政策辅导团，对接县域内不同层次的创新主体，针对高新技术企业、专精特新企业、"瞪羚"企业、"独角兽"企业构建不同职能分工的政策辅导团。为每类企业设计创新成长进化地图，针对个案企业围绕发展现状和存在问题寻医问诊，为企业发展中的存在的瓶颈问题探源寻根，找到症结，为其创新发展提供政策服务，帮助其对科技创新政策的学习内化能力，提升其在产业领域的竞争力。

由政府主导整合科技创新政策资源，调配政策宣讲的人力资源和智力支持，挖掘河南省在先行先试政策上的敢为精神，大力创新，勇于实践，把先行先试政策及时落实，按时反馈，不断完善。政策辅导团对接企业发展需求，建立政策辅导服务大数据平台，形成辅导团上门服务和创新主体预约服务多途径、多形式的供需对接的政策辅导服务，解决政策需求与政策供给问题。通过每周一家企业走访调研、每月一次政策辅导、每季度一次专题答疑、每年度两次反馈总结，为创新主体提供全周期、全过程的政策辅导与服务，不断提高创新主体的政策认知，在提高政策落实率的同时，着力提升科技创新政策落实的精准度、覆盖面，打通"个转企、小升规、规改股、股上市"的科技创新型企业培育链条，让创新政策辅导团制度成为企业政策学习内化的"及时雨"，成为政策落实的助推器。

6.3.3.2　构建学习型科技创新发展共同体

根据组织学习理论，组织中各方的相互作用及对知识的集体创新，能够不断应用既有技术和研发新技术，最终推动整个组织完成自身进步。因此，通过构建学习型科技创新发展共同体能够增强创新政策的学习内化能力。以深化产业链发展为主线，以强化创新链为引领，围绕重点发展领域打造上中下游、大中小型企业、高校、科研机构、孵化器等多元化主体组建的学习型创新主体，构建具有产业竞争优势的科技创新发展共同体。通过多元主体参与的科技创新发展共同体，打破产业上下游间隔断，融合研发与应用，突破传统单主体发展模式，发挥主体间的优势互补，解决科研"孤岛效应"，形成科研实力雄厚、产业应用能力突出、组织机构运行良好的创新发展共同体。

通过组建共同体这一组织模式，实现组织间成员之间互动、交流，促进知识与人才共享，技术与信息互通，提高组织知识积累程度，帮助创新主体进化升级，增强共同体内部多元创新主体的政策学习、内化能力，整体提升科技创新政策落实效能。具体包括：成立新材料产业联盟共同体、农业科技发展联盟共同体、生物医药产业联盟共同体等，制定联盟共同体的战略目标和发展愿景，强化共同体内部利益联结机制，构建具有自驱力的组织运行模式，推进产业内部合作共赢，产业整体升级进化，形成具有区域影响力的学习型科技创新发展共同体。

6.3.4　优化协同创新环境

6.3.4.1　以主体协同推进产业升级

以产业链为基础，构建上中下游创新主体协同发展模式，以产业链布局创新链，以创新链推进产业链升级，通过创新发展提升价值链。围绕粮食加工、机械制造等传统优势领域，加强战略性、系统性、前瞻性研究谋划，构建产学研用协同创新主体强强联合。落实"科技兴粮""人才兴粮"战略，加大粮食科技投入，加快建立产学研深度融合的粮食科技创新体系，努力打造全国重要的粮食科技研发中心。高标准建设"中国粮谷"，推进国家农机装备创新中心、国家粮食加工装备工程技术研究中心等建设，加强粮油机械制造自主创新，开发具有自主知识产权和核心技术的粮油加工成套装备，培育壮大粮机制造产业，努力打造区域性粮食装备制造中心。推进粮油加工企业实施设备智能改造、绿色改造和技术改造，提高产品质量和市场竞争力。

6.3.4.2 以资源协同提升竞争优势

各地区根据本地发展情况制定协同创新环境高质量发展实施意见或专项规划，突出区域科技创新特点，提升竞争优势。建立协同创新环境高质量发展联席会议制度，协调解决重大问题。提高协同创新环境高质量发展相关指标在营商环境考核中的权重，强化考核结果运用。建立协同创新环境统计部门协调联动机制，加强统计数据共享，提升统计质量和服务水平。加大财税扶持力度，探索设立协同创新环境省级专项资金，鼓励各地设立协同创新环境发展专项资金。积极争取国家政策和资金支持科技强县、示范园区、加工基地、龙头企业建设和发展。强化金融信贷服务，鼓励金融机构加大对创新型企业信贷的支持力度，提升信贷额度，适当降低贷款利率。各地政府性融资担保机构要放宽创新型企业担保条件，扩大有效担保物范围。

本章在相关文献研究和理论分析的基础上，系统分析科技创新政策供给、创新主体的创新能力、创新主体的政策认知、协同创新环境与政府响应对科技创新政策落实的影响。河南省科技创新政策在供给结构方面，存在财税优惠类与科技金融类政策供给不足、科技人才类政策供给比例不均衡问题。在创新能力方面，资金与人才因素制约了创新活动质量、创新主体间合作程度影响了创新活动水平。在政策认知方面，缺少针对性的政策学习辅导、尚未形成政策信息双向流通的政策认知路径。在协同创新环境与政府响应方面，创新主体协同动力不足、科技资源协同存在阻碍。为此，通过创新财税、金融类政策、聚焦科技人才培养政策，完善河南省科技创新政策供给结构。通过整合创新资源为创新主体减负、推进重大科技创新平台建设为创新主体赋能，提升多元主体创新能力。通过探索科技创新政策辅导团制度、构建学习型科技创新发展共同体，增强创新主体对政策的学习内化能力。通过推进主体协同推进产业升级、推进资源协同提升竞争优势，不断优化协同创新环境。

专栏6-1 科技创新政策落实"最后一公里"影响因素分析

理论分析		存在问题	对策建议	
科技创新政策供给	供给结构有待完善	财税优惠类与科技金融类政策供给不足	完善供给结构	创新财税、金融类政策
		科技人才类政策供给比例不均		聚焦科技人才培养政策
创新主体的创新能力	创新能力亟须提升	资金与人才因素制约创新活动质量	提升多元主体创新能力	整合创新资源为创新主体减负
		创新主体间合作程度影响创新活动水平		推进重大科技创新平台建设为创新主体赋能
创新主体的政策认知	政策认知水平有待提高	缺少针对性的政策学习辅导	增强政策学习内化能力	探索科技创新政策辅导团制度
		尚未形成政策信息双向流通的政策认知路径		构建学习型科技创新发展共同体
协同创新环境与政府响应	仍须改善	创新主体协同动力不足	优化协同创新环境	以主体协同推进产业升级
		科技资源协同存在阻碍		以资源协同提升竞争优势

第7章　科技创新政策落实"最后一公里"模糊集定性比较分析与路径设计

本书的第 3 章、第 4 章分别从国家层面、省域层面调研了科技创新政策落实"最后一公里"的现状。第 5 章从机制视角系统分析了科技创新政策落实"最后一公里"存在的问题并提出对策。第 6 章从影响因素视角分析了科技创新政策落实"最后一公里"存在的问题并提出对策。而本章从科技创新政策落实路径角度，运用模糊集定性比较分析（fsQCA）方法，探索科技创新政策落实"最后一公里"的路径设计。

7.1　模型构建

通过本书第 5 章分析，科技创新政策供给、创新主体的创新能力和政策认知、协同创新环境和政府响应共同构成科技创新政策落实"最后一公里"的影响因素。基于以上分析构建科技创新政策落实因素组态模型（见图 7 - 1），运用模糊集定性比较分析的方法研究这些影响因素如何形成组态匹配，并通过实证分析设计科技创新政策落实"最后一公里"的路径。

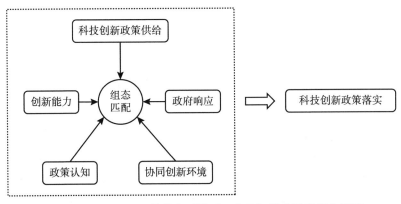

图 7 -1　科技创新政策落实"最后一公里"影响因素组态模型

7.1.1　研究方法

在以往的研究中，有学者以事件史的方法，通过个案研究政策扩散中的影响因素，也有学者采用问卷调查的方式研究政策扩散问题。在研究方法上采用模糊集定性比较分析（fsQCA）方法研究科技创新政策落实的影响因素。主要原因有：

第一，QCA 是以集合论为基础，其优势主要在于分析组态问题，即多种原因共同产生结果，这有别于线性关系（杜运周等，2017）。已有的研究结果显示，影响科技政策落实的因素有很多方面，仅从单因素角度分析不能揭示科技创新政策落实机理，需要从整体组态角度分析各个因素的复杂关系。因此，QCA 方法更适合研究科技创新政策落实问题。

第二，QCA 方法弥补了传统定性分析推广性不强的缺点，也弥补了定量分析中对个案深度欠缺的问题。因此，采用 QCA 方法将定性与定量方法的优势结合，为研究科技创新政策落实问题提供了新方法。

第三，传统的回归分析会产生多重共线性，层次分析并不能对科技创新政策落实的途径提供最优分析，而采用 QCA 方法则可以避免这些问题的出现。

7.1.2　样本筛选

由于本书采用定性比较分析的方法，其对案例的选择具有严格要求。因此，为使选择案例具有典型性，以本书调研收集的 323 份样本为基础，对案例逐一分析，进一步进行样本筛选。首先，剔除和科技创新政策联系不强的一些企业和事业单位。其次，选取涉及机械制造、生物医药、新材料等高新技术领域的企业和科研院所。再次，选取企业名称上出现"科技""技术""电子""信息"等字眼的企业。最后，在国家企业信用信息公示网上再次核实企业的经营状况和经营范围。最终，选取出 109 个典型案例作为本书的样本。这样选取的原因是这些领域的企业和科研院所与科技创新政策的联系更为密切，属于典型的科技创新政策的受众群体，把这些企业和科研院所作为案例代表性更强，选用这类企业和科研院所的数据更具针对性。

7.1.3　变量选择与测量

结果变量为科技创新政策落实。将财税优惠政策、科技金融政策、技术研发政策、科技人才政策、科技投入政策、社会服务政策和知识产权 7 类政策落实的分数合并，作为总体科技创新政策的落实情况的分数，再进一步标准化。

条件变量为 5 个，分别为科技创新政策供给、创新能力、科技创新政策认知、协同创新环境和政府响应。科技创新政策供给指标分别通过科技创新政策供给的稳定性、标准化和充足度三个角度测量。具体为现行企业贷款优惠政策稳定性、有健全的技术标准、财政科技计划充足三个问题测量。

创新能力指标通过国家对企业的认证和创新能力认证两个角度测量。国家对企业的认知包括高新技术企业、产业化龙头企业和科技型中小企业三个等级，创新能力认证分为国家级创新型企业和省级创新型企业两个等级。两类问题均采用量化处理。

　　科技创新政策认知指标通过对 7 类科技创新政策的认知分别测量再求平均值。这 7 类科技创新政策分别为财税优惠类、科技金融类、技术研发类、科技人才类、科技投入类、社会服务类、知识产权类。其中：财税优惠类选取研发费用加计扣除政策、高企微企技术先进型服务企业税收优惠政策、高企认证补贴和涉农项目补贴 4 个问题测量。科技金融类选取高企贷款政策、高企保险政策、科技型中小企业技术创新基金及投资引导基金政策和中小企业信用担保政策 4 个问题测量。技术研发类选取技术发展规划政策、技术标准化政策、技术创新政策和技术推广政策 4 个问题测量。科技人才类选取科技人才引进政策、科技人才评价和激励政策和科技人才培训与教育 3 个问题测量。科技投入类选取科技计划管理政策、科研机构体制改革政策、科技基础设施投资政策和科技经费投入政策 4 个问题测量。社会服务类选取高新技术企业、创新型企业认定政策、科技中介服务政策和科技园区、开发区、示范区等基地平台政策 3 个问题测量。知识产权类选取新技术、新产品、新服务等产权保护政策、科技成果转化政策和植物新品种名录、农作物品种名录、兽药品种名录、饲料原料目录、进出口农药目录 3 个问题测量。

　　协同创新环境指标反映政府、高校、科研院所和企业的互动关系，是区域创新生态环境的反映。具体通过政府组织高校、科研院所与企业开展协同创新活动测量。政府响应指标反映的是区域创新生态环境中政府的作用，在科技创新政策落实中政府起到了重要作用。因此，选取政府为企业提供技术指导、技术咨询和技术推广服务测量政府响应（见表 7 - 1）。

表 7 - 1　　　　　　　　　　　变量设定指标和测量

一级指标	二级指标	三级指标	变量测量
政策本身	科技创新政策供给（PS）	供给稳定性	现行企业贷款优惠政策稳定性
		供给健全度	有健全的技术标准
		供给充足度	财政科技计划充足

续表

一级指标	二级指标	三级指标	变量测量
创新主体	创新能力（IA）	企业认证	高新技术企业、产业化龙头企业、科技型中小企业
		创新能力认证	国家级创新型企业、省级创新型企业
	科技创新政策认知能力（PC）	7类科技创新政策认知	财税优惠类、科技金融类、技术研发类、科技人才类、科技投入类、社会服务类、知识产权类科技创新政策认知
环境因素	协同创新环境（CIE）	政府、高校、科研院所、企业互动	政府组织高校、科研院所与企业开展协同创新活动
	政府响应（GR）	政府提供支持	政府为企业提供技术指导、技术咨询和技术推广服务

7.1.4　数据校准

在模糊集分析过程中通过将结果变量和条件变量的原始数值转化为模糊值，用0—1的数字来进行标准化，越接近1隶属度越高，越接近0隶属度越低。在进行校准前，还需要确定校准所用的锚点。根据本书依据理论和实际，确保客观，采用软件直接校准的方法进行连续校准。

结果变量的原始数据即科技创新政策落实情况，设定完全隶属为1，完全不隶属为0.交叉点为0.5，选择数据中位数为交叉点，将定性锚点设置为原始数据的90%、50%和10%，对应0.95、0.5与0.05的隶属度。

条件变量的数据标准分别为：

（1）科技创新政策供给：采用现行企业贷款优惠政策稳定性、技术标准的健全度、财政科技计划充足度3个问题。根据实际统计结果，将定性锚点设置为原始数据的90%、50%和10%，对应0.95、0.5与0.05的隶属度。

（2）创新能力：国家对企业认证分为5级量表，国家对企业创新能力认证分为5级量表，计算出这两类认证的算术平均值，得到创新能力的校准。

（3）科技创新政策认知能力：对财税优惠类、科技金融类、技术研发类、科技人才类、科技投入类、社会服务类、知识产权类科技创新政策认知分别测量再求算术平均值，将定性锚点设置为原始数据的 90%、50% 和 10%，对应 0.95、0.5 与 0.05 的隶属度。

（4）协同创新环境：采用政府组织高校、科研院所与企业开展协同创新活动测量，将定性锚点设置为原始数据的 90%、50% 和 10%，对应 0.95、0.5 与 0.05 的隶属度。

（5）政府响应：采用政府为企业提供技术指导、技术咨询和技术推广服务测量，将定性锚点设置为原始数据的 90%、50% 和 10%，对应 0.95、0.5 与 0.05 的隶属度。

模糊数据校准公式为：

$$R(x_i) = (x_i - x_{min}) / (x_{max} - x_{min})$$

其中，$R(x_i)$ 为指标 x 第 i 个数值的模糊数，x_i 为指标第 i 个数值，x_{min} 为指标 x 的最小值，x_{max} 为指标 x 的最大值。经校准，得到校准后的模糊分数表（见表 7 - 2）。

表 7 - 2　　　　　　　　　校准后的模糊分数表

案例编号	PS	IA	PC	CIE	GR	结果变量
1	0.82	0.95	0.41	0.95	0.95	0.50
2	0.05	0.05	0.02	0.05	0.12	0.06
3	0.12	0.18	0.42	0.50	0.27	0.16
4	0.50	0.95	0.85	0.95	0.82	0.92
5	0.50	1.00	0.68	0.50	0.50	0.95
6	0.82	0.32	0.37	0.50	0.50	0.56
7	0.82	0.82	0.65	0.95	0.50	0.95
8	0.12	0.32	0.14	0.05	0.12	0.06
9	0.99	1.00	0.99	0.95	0.95	1.00
…	…	…	…	…	…	…
103	0.99	0.05	0.96	0.95	0.95	1.00

续表

案例编号	PS	IA	PC	CIE	GR	结果变量
104	0.27	0.95	0.01	0.50	0.02	0.29
105	0.27	0.82	0.22	0.50	0.50	0.29
106	0.12	0.50	0.79	0.95	0.95	0.66
107	0.05	0.82	0.00	0.05	0.12	0.02
108	0.82	0.32	0.68	0.50	0.82	0.60
109	0.82	0.18	0.74	0.05	0.95	0.83

7.2 数据分析

7.2.1 单因素分析

单因素分析是研究单个条件变量对结果变量的影响。当某个因素一致性大于0.9，覆盖率大于0.6，一般可以视为必要条件。考察科技创新政策供给、创新能力、政策认知能力、协同创新环境和政府响应5个条件变量分别对科技创新政策落实的关系。结果显示（见表7-3），科技创新政策供给、创新能力、政策认知能力、协同创新环境和政府响应的一致性均小于0.9，说明这5个变量都无法单独解释科技创新政策落实的情况。

表7-3　　　　　　　　　　单因素分析结果

变量（variable）	必要一致性（consistency）	必要覆盖度（coverage）
科技创新政策供给（PS）	0.849	0.765
~科技创新政策供给（PS）	0.452	0.367
创新能力（IA）	0.708	0.673
~创新能力（IA）	0.512	0.745

续表

变量（variable）	必要一致性（consistency）	必要覆盖度（coverage）
政策认知能力（PC）	0.832	0.822
～政策认知能力（PC）	0.314	0.435
协同创新环境（CIE）	0.780	0.748
～协同创新环境（CIE）	0.619	0.647
政府响应（GR）	0.885	0.775
～政府响应（GR）	0.424	0.578

7.2.2　条件组合分析

对影响科技创新政策落实的因素进行条件组合分析，主要探讨科技创新政策落实效果好的条件组合。利用模糊集定性比较分析方法进行条件组合分析，构建真值表（见表 7 - 4）。

表 7 - 4　　　　　　　　　　　　真值表

PS	IA	PC	CIE	GR	PI	案例数	原始一致性
1	1	1	1	1	1	23	0.992
1	0	1	0	1	1	21	0.976
1	0	1	1	1	1	14	0.966
1	1	1	0	0	1	11	0.951
1	1	0	1	1	1	10	0.939
1	0	1	0	0	1	9	0.898
0	1	0	1	0	1	4	0.808
0	0	0	1	0	0	2	0.714
0	0	1	0	0	0	3	0.635
0	1	0	0	0	0	4	0.582
…	…	…	…	…	…	…	…

通过组态分析目的是解释科技创新政策供给、创新能力、政策认知能力、协同创新环境和政府响应，这5个因素构成的组合引发科技创新政策落实结果的充分度。在选取阈值时，参考国外学者菲斯（Fiss，2011）的经典做法，将一致性阈值设定为0.8，频数阈值设定为1。

构建真值表后，采用QCA的标准分析。借鉴吴昊（2021）、周冬（2019）等的研究，汇报复杂解，辅以简约解（见表7-5）。

表7-5   条件组合分析

	条件组合	原始覆盖率	净覆盖率	一致性
复杂解	PS × ~CIE × GR × PC	0.275	0.030	0.915
	PS × GR × ~IA × PC	0.378	0.091	0.961
	PS × CIE × GR × IA	0.429	0.129	0.953
	~PS × CIE × ~GR × IA × ~PC	0.203	0.033	0.808
总一致性	0.883			
总覆盖率	0.643			
	条件组合	原始覆盖率	净覆盖率	一致性
简约解	PS	0.765	0.305	0.849
	CIE × IA	0.542	0.083	0.858
总一致性	0.820			
总覆盖率	0.848			

注：×表示变量间具有"且"的交集；~表示变量间不存在关系。

从复杂解组态分析结果看，4种组态的一致性分别为0.915、0.961、0.952781和0.808，总一致性为0.883，总体覆盖率为0.643，表示4种组态解释了64.3%的案例。从简约解组态分析结果看，形成两种简约解。这两个解的一致性都在0.85左右。总体一致性在0.82，总体覆盖率为0.848，表明这两个条件组合解释了85%的案例（见表7-6）。

把复杂解和简约解组态分析结果结合起来看。一般认为，同一路径中，同时出现在简约解和复杂解的条件构成核心条件。仅出现在复杂解，而没有出现在简约解中的条件，可以视为外周条件。据此，可以得出以下4种组态类型。

表7-6　　　　　　　　　　　　　组态类型

解释变量	H1		H2	
	H1A	H1B	H2A	H2B
科技创新政策供给	●	●	•	⊗
创新能力		⊗	●	●
政策认知能力	•	•		⊗
协同创新环境	⊗		●	●
政府响应	⊗	•	•	⊗
原始覆盖率	0.275	0.377	0.429	0.203
净覆盖率	0.030	0.091	0.129	0.033
一致性	0.915	0.961	0.953	0.808
总体一致性	0.883			
总体覆盖率	0.643			

注：●表示核心条件；⊗表示该条件反值存在；•表示该条件存在；空白表示该条件可存在，也可不存在。

7.2.3　稳健性检验

参考施奈德（Schneider，2012）、张明（2019）等的方法，在进行稳健性检验时把阈值由0.8调整到0.78、0.76后，结果的组态解不变，总体解的一致性和覆盖率结果均不变。表明实证研究的结果是稳健的。

7.3　路径设计

7.3.1　路径设计一

根据实证研究结果，本书得到科技创新政策落实的两条基本路径。路径一是强认知的科技创新政策供给推动型（对应组态 1）。在这类路径中科技创新政策供给是核心条件，表明科技创新政策落实是受到政策本身，即科技创新政策供给的推动。路径一又分为两种子路径，一个是组态 1A，科技创新政策落实 = 科技创新政策供给 × ~ 协同创新环境 × ~ 政府响应 × 政策认知能力（PI = PS × ~ CIE × ~ GR × PC）。根据前面的理论分析，环境因素由创新协同环境和政府响应共同构成，因此，非"创新协同环境"和非"政府响应"，可以表述为弱环境。因此该路径可以概况为：弱环境、强认知的科技创新政策供给推动型。路径一的另一条子路径，对应组态 1B，科技创新政策落实 = 科技创新政策供给 × 政府响应 × ~ 创新能力 × 政策认知能力（PI = PS × GR × ~ IA × PC）。该路径中出现了"政府响应"这一条件，因此该路径可以总结为：强响应、强认知的科技创新政策供给推动型。例如 HTKJ 属于这一类型，企业主要从事半导体集成电路、半导体元器件的封装测试业务。半导体行业的发展一直以来是政策大力扶持的重点领域，尤其是 2020 年国家出台的《新时期促进集成电路产业和软件产业高质量发展若干政策的通知》从财政税收、投资融资、研究开发、技术人才、知识产权、市场应用与国际合作等方面提供了鼓励引导性政策。

公司对行业发展政策认知程度较高，而协同创新环境和政府响应在该公司表现不显著。路径一的另一条子路径 H1B，科技创新政策落实 = 科技创新政策供给 × 政府响应 × ~ 创新能力 × 政策认知能力（PI = PS × GR × ~ IA × PC）。该路径中出现了"政府响应"这一条件，因此该路径可概括为：强响应、强认知的科技创新政策供给推动型。案例中 TM 属于这一类型。TM 是央企中国航空工业集团旗下高科技电子制造业务中的骨干企业，主要从事显示面板业务生产，该领域中国家出台大量支持政策，如 2009 年发布的第一个 3 年行动计划《2010 至 2012 年平板产业发展规划》中指出自主建设 TFT - LCD 列为发展重点，2011 年《工业转型升级发展规划(2011—2015 年)》《国家"十二五"科学和技术发展规划》、2012 年《电子信息制造业"十二五"发展规划》《新型显示科技发展"十二五"专项规划》、2014 年《2014—2016 年新型显示产业创新发展规划行动计划》、2016 年《国务院关于印发"十三五"国家信息化发展规划的通知》、2017

年《增强制造业核心竞争力三年行动（2018—2020）》、2018 年《扩大和升级消费信息三年行动计划（2018—2020）》、2019 年《超高清视频产业发展行动计划（2019—2022）》等。企业对政策认知程度高，积极申请国家科研项目，如 1991 年公司的项目就获批高科技项目立项，相关项目列入国家"八五"科技攻关项目、2009 年承担国家发展和改革委"TFT – LCD国家工程实验室"项目。地方政府为发展区域高新技术产业对公司建厂予以积极帮助和支持，先后在上海、成都、武汉、厦门等地布局产业基地，在当地科技部门的支持下成立省级工程技术研发中心、成为省级重点规划项目企业，成立博士后研究工作站。因此，这两条路径可以命名为"强认知的科技创新政策推动型"。

7.3.2 路径设计二

路径二是创新能力和创新协同环境驱动型（对应组态2）。在这类路径中，创新主体的创新能力和环境因素的协同创新环境是核心条件，表明创新能力和协同创新环境的驱动发展下促进科技创新政策的落实。路径二存在两条子路径。一个对应组态 2A，科技创新政策落实＝科技创新政策供给×协同创新环境×政府响应×创新能力（PS×CIE×GR×IA）。对比另一个子路径，对应组态 2B，创新科技政策落实＝~科技创新政策供给×协同创新环境×~政府响应×创新能力×~政策认知（~PS×CIE×~GR×IA×~PC）。两条子路径一个是存在"科技创新政策供给"和"政府响应"的条件，而另一个是非"科技创新政策供给"、非"政府响应"、非"政策认知"。即一个在政策本身和环境因素上具有积极条件的路径，另一个是在政策本身、创新主体和环境因素中都存在反值的路径。因此，路径二的两条子路径可以分别概括为有利条件下的创新能力与协同创新环境驱动型和不利条件下的创新能力和协同创新环境驱动型。

案例企业 RTDL 是一家从事软件与信息技术服务的企业。作为软件独立开发商创新能力突出，经过 20 多年的发展，企业发展为市场认可度较高的公司，和 HW 公司建立稳定合作关系，在行业细分市场占有率较高。公司具有学研机构和 10 多家国内外知名高校长期合作、12 家国际组合合作，具有良好的协同创新环境。

近年来国家对数字经济的大力支持，政策供给支持力度较大、较为稳定，同时涉及云管理、数字经济领域中的业务受到政府部门的积极响应。在这种类型的案例中科技创新政策落实效果好。对比另一个子路径 H2B，创新科技政策落实 = ~科技创新政策供给 × 协同创新环境 × ~政府响应 × 创新能力 × ~政策认知（PI = ~PS × CIE × ~GR × IA × ~PC）。案例中 DYQC 属于这一类型，企业属于装备制造业，DYQC 自 1987 年创建以来，企业经历了三次转型，从摩托车生产配件制造到重型商业汽车制造，再到新能源乘用车领域。作为一家装备制造业领域的民营企业，在传统制造业转型、产能结构调整的背景下能够实现科技创新政策较好落实其关键是对企业对创新的重视。公司拥有关键总成、重要零部件等百余项专利，在自有研发部门的基础上和与博世、华为、阿里斑马等共同合作研发，组成 1 000 人的核心研发机构，打造整体创新竞争优势，实现科技创新政策落实。

两条子路径一个是存在"科技创新政策供给"和"政府响应"的条件，而另一个是非"科技创新政策供给"、非"政府响应"、非"政策认知"。即一个在政策本身和环境因素上具有积极条件的路径，另一个是在政策本身、创新主体和环境因素中都存在反值的路径。因此，路径二的两条子路径可概括为有利条件下和不利条件下的创新能力和协同创新环境驱动型。

综上所述，本章通过构建科技创新政策落实因素组态模型，选取 109 家典型科技企业和科研机构，运用模糊集定性比较分析的方法对科技创新政策落实的影响因素及路径进行系统的比较分析。研究发现，科技创新政策的落实呈现多因素协同、多路径并存的特点。科技创新政策落实的影响因素有科技创新政策供给、创新能力、政策认知能力、协同创新环境和政府响应，但是单一变量都无法解释科技创新政策落实的情况。科技创新政策落实结果受多因素协同作用。多因素协同形成了两大基本路径。据此，科技创新"最后一公里"的路径有两条。路径一是强认知的科技创新政策供给推动型。路径二是创新能力和创新协同环境驱动型。路径一又分为两条子路径，分别为弱环境、强认知的科技创新政策供给推动型和强响应、强认知的科技创新政策供给推动型。路径二也分为两条子路径，分别为有利条件下的创新能力与协同创新环境驱动型和不利条件下的创新能力和协同创新环境驱动型。

第8章　科技创新政策生态系统
政策设计与实施策略

习近平总书记在党的十九大报告中指出，"创新是引领发展的第一动力，是建设现代化经济体系的战略支撑。"习近平总书记在党的二十大报告中指出"加快实施创新驱动发展战略，加快实现高水平科技自立自强。"根据前7章的研究，本章基于未来发展视角，提出科技创新政策生态系统构建、科技创新政策生态系统政策设计和科技创新政策生态系统实施策略。

8.1　科技创新政策生态系统构建

按照新时期提升国家治理能力的基本要求，科技创新政策落实"最后一公里"，必须从科技创新政策生态系统角度构建科技创新政策的四梁八柱，以整体观念、系统观念统筹科技创新政策供给架构，构建科技创政策生态系统。

8.1.1　科技创新政策生态系统内涵

环境科学认为，生态系统，简称ECO，是ecosystem的缩写，指在自然界一定空间内，生物与环境构成的统一整体，在这个统一整体中，生物与环境之间相互影响、相互制约，并在一定时期内处于相对稳定的动态平衡状态。英国坦斯利（A. G. Tansley）于1935年最先提出"生态系统"名

词，用来概括生物群落和环境共同组成的自然整体。美国林德曼
（R. L. Lin-deman）于 1942 年提出生态系统各营养级之间能量流的定量关
系，初步奠定了生态系统的理论基础。1965 年在丹麦哥本哈根举行的国际
生态学会议上确认了这一名称。此后，围绕人类社会实际问题的研究逐渐
增多，生态系统的理论体系得以进一步完善。20 世纪 70 年代以来，由于
数学、控制论、电子计算机、系统理论和系统分析等理论和方法渗透到生
态系统研究之中，加上人类社会存在人口激增、粮食不足、能源短缺、资
源破坏和环境污染等严重问题，生态系统已成为现代生态学研究的中心课
题。根据生态系统具有整体性、适应性，其能够根据环境的改变调整自身
结构与功能，从而有利于事物的发展这些特点。学者们不断丰富和发展
"生态系统"的应用场景，例如商业生态系统研究、信息生态系统研究、
知识生态系统研究和创新生态系统。自美国学者雷格斯（Fred. W. Riggs）
在政治学研究中引入生态学理论和方法后，政策生态学交叉研究成为一个
新的领域。有学者指出，公共政策的全生命周期都是发展在一定的生态环
境下的。通过分析"政策生态"，可以较为全面地把握政策落实"最后一
公里"问题。

　　科技创新政策生态系统是以科技创新政策资源为基础，由科技创新政
策生态群落在政策生态环境下实现共生、竞合、互惠的动态关系。科技创
新政策生态群落包括科技创新政策主体和创新主体，涵盖政策制定主体、
宣传主体、执行主体、受益主体、关联主体和社会公众。科技创新政策生
态环境包括科技创新政策生态群落生存和发展所依赖的经济环境、技术环
境和文化环境（见图 8 - 1）。

8.1.2　河南省构建科技创新政策生态系统的重要意义

　　构建科技创新政策生态系统观，并不断优化科技创新政策生态系统，
是从顶层设计上重构资源配置，从底层逻辑上理顺政策供需，从运行机制
上把握政策流向，是河南省积极落实创新驱动、科教兴省、人才强省战略
的重要举措。

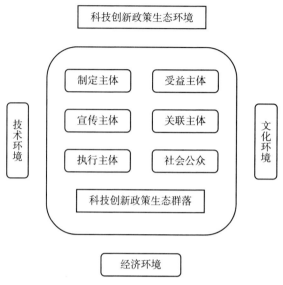

图 8-1　科技创新政策生态系统

河南省委、省政府立足新发展阶段、贯彻新发展理念、紧抓构建新发展格局战略机遇，旗帜鲜明地提出实施创新驱动、科教兴省、人才强省战略，是顺应河南经济发展阶段性规律、解决制约现代化河南建设短板瓶颈的重大战略决策。强化科技第一生产力、创新第一动力、人才第一资源三方面的集成，形成了"1+1+1>3"的叠加效应，为实现"两个确保"战略目标，奋力开启现代化河南建设新征程注入强大动力。创新驱动、科教兴省、人才强省战略的贯彻实施需要构建政策生态系统整体观。

对标一流创新生态建设，以落实科技创新政策为核心，整合科技资源、教育资源和人才资源，构建科技创新政策生态系统。通过系统设计政策落实机制、厘定政策落实影响因素，优化政策落实路径，实现政策部门协同、政策资源联动、政策供需匹配，政策效果落地开花。通过构建科技创新政策生态系统，在创新发展领域、科教发展领域和人才培养领域重新配置政策资源，保证政策落实工作的有序推进，实现固根基、扬优势、补短板、强弱项，提升整体政策供给质量，增强政策生态群落的生存发展能力，提升政策生态环境水平，实现政策措施落到基层、收到实效，为建设国家科技创新重要策源地、创新区域布局的关键节点、战略科技力量的重要组成注入系统动力。

8.1.3　河南省科技创新政策生态系统区域特征

河南省科技创新政策生态系统符合一般生态系统的五个特征，同时也具有自身的区域特征。

第一，一般科技创新政策生态群落由政策制定主体群落、政策宣传主体群落、政策执行主体群落、政策受益主体群落、关联公众群落和社会公众群落组成。河南省科技创新政策生态系统内各个群落发育程度不一，能力差异较为明显，这些政策生态群落能力落差在一定程度上影响了政策信息的传递。

第二，河南科技创新政策生态系统具有典型开放性。河南省科技创新政策生态系统根据创新活动的开放而适时调整，通过多方位、多维度的政策信息渠道和途径，例如 2023 年以来河南省加强豫沪、豫苏、豫深等地区联系，学习先进地区经验、引进先进做法，形成开发包容的生态系统，保证政策生态群落都能从政策信息汲取政策资源和政策能量，在创新活动过程中将政策资源和政策能量转化为政策红利。

第三，河南省科技创新政策生态系统正处于从积势蓄势到实现跃升的阶段。面临着国家构建新发展格局战略机遇、新时代推动中部地区高质量发展政策机遇、黄河流域生态保护和高质量发展历史机遇，河南省科技创新政策生态系统在区域经济发展、技术创新和社会需求刺激下正经历着优化升级的提档期。

第四，河南省科技创新政策生态系统的典型区域特征。各地区在经济实力、产业发展、创新要素的现状和资源禀赋等方面的不同造成了区域科技创新政策生态系统的差异。河南省科技创新生态系统在装备制造、食品制造、农业设施装备、现代种业、先进材料、生物医药、新能源等领域具有丰富的政策实践经验。未来以这些领域形成政策高地，不断增强科技创新政策生态系统对政策落实"最后一公里"的支撑力。

第五，河南省科技创新政策生态系统具有自我更新、升级演化的能力。具体表现为政策制定群落高度重视科技创新政策引领作用，修订、颁布出台一系列实施方案、管理办法，政策执行和落实的工作方法在不断更新和改进，政策受益主体对政策学习和内化的方式也发生着颠覆性变化，形成共同发力、协同推进科技创新政策生态系统自我更新、优化升级的局面。然而创新资源实力不强、高等教育资源不足和高端人才资源缺乏等问题制约了河南省创新生态系统的升级演化。

8.2 科技创新政策生态系统政策设计

以政策生态系统观对河南省科技创新政策生态系统进行设计，为未来科技创新政策落实"最后一公里"问题提供总体规划与设计。

在政策设计中，各项政策根据与总目标的紧密程度可分为三个层次。与总目标有直接因果关系的是核心政策；配套政策直接为核心政策服务；辅助配套政策旨在调整其所涉领域与科技创新有关的部分，以提高政策的总效率。

科技创新政策生态系统的政策设计包括科技创新政策生态群落体系和科技创新政策生态环境体系（见表8－1）。

表8－1　　　　　　　　　科技创新政策生态系统政策设计

政策设计内容				
政策名称		政策目标	核心政策	配套政策	辅助政策
科技创新政策生态系统	科技创新政策生态群落体系	共生互惠价值共创	政策生态群落培育孵化政策	新兴产业准入政策人才政策技术政策	土地政策财政政策金融政策教育政策
	科技创新政策生态环境体系	稳定的经济环境高效的技术环境良好的文化环境	政策生态环境提质优化政策	产业融合政策创新平台建设政策信息服务共享政策	

8.2.1　科技创新政策生态群落政策设计

科技创新政策生态群落的政策设计是围绕科技创新政策生态群落体系政策目标进行的。科技创新政策生态群落体系的政策目标是实现群落间共生互惠、价值共创的关系。

科技创新政策生态群落间的共生互惠、价值共创具体表现为：在科技创新政策制定群落和科技创新政策宣传群落之间，制定群落为宣传群落提供政策解释，宣传群落为制定群落提供政策宣传效果反馈。在科技创新政策制定群落和科技创新政策执行群落之间，制定群落为执行群落提供执行路径，执行群落为制定群落进行执行效果反馈。在科技创新政策制定群落和政策受益群落之间，制定群落帮助受益群落降低创新成本，受益群落将政策效果反馈给制定群落。在科技创新政策制定群落和关联主体群落之间，制定群落对关联群落释放政策信息，提高政策吸引力和关注度。关联主体群落对政策制定群落进行政策监督。制定群落和社会公众群落之间释放政策信息、进行政策监督。在科技创新政策宣传群落和政策执行群落之间，宣传群落为执行群落设计执行路径，执行群落为宣传群落进行政策执行效果反馈。在科技创新政策宣传群落和政策受益群落之间，宣传群落辅导政策受益群落进行政策学习内化，政策受益群落将政策效果反馈给宣传群落。在科技创新政策宣传群落和关联主体群落之间，宣传群落对关联主体群落普及政策信息，关联主体群落对宣传群落反馈政策信息。政策宣传群落和社会公众群落的价值创造是普及政策信息和反馈政策信息。在科技创新政策执行群落和政策受益群落之间，通过执行群落在受益群落产生政策效果，受益群落将政策效果反馈给执行群落。在科技创新政策执行群落和关联主体群落之间，执行群落对关联主体群落传递政策信息，关联主体群落对执行群落反馈政策信息。执行群落和社会公众群落的价值创造是传递政策信息和反馈政策信息。在科技创新政策受益群落和关联主体群落之间，受益群落将政策效果直接传递给关联主体群落，关联主体群落将市场效果反馈给受益群落。在科技创新政策受益群落和社会公众群落之间，受益群落和社会公众通过市场连接，受益群落将市场效果传递给社会公众群落，社会公众群落反馈市场效果。在科技创新政策关联主体群落和社会公众群落之间的价值创造是传递市场效果和反馈市场效果（见表8－2）。

表8－2 科技创新政策群落间的共生互惠、价值共创关系

	政策制定群落	政策宣传群落	政策执行群落	政策受益群落	关联主体群落	社会公众群落
政策制定群落	联合制定政策文本	提供政策解释	提供执行路径	降低创新成本	释放政策信息	释放政策信息
政策宣传群落	反馈政策宣传效果	汇总、分类、加工政策信息	设计执行路径	辅助学习内化	普及政策信息	普及政策信息
政策执行群落	反馈政策执行效果	反馈政策执行效果	协同合作	产出政策效果	传递政策信息	传递政策信息
政策受益群落	反馈政策效果	反馈政策效果	反馈政策效果	交流政策效果	传递政策效果	传递市场效果
关联主体群落	政策监督	反馈政策信息	反馈政策信息	反馈市场效果	形成合力提高政策关注度	传递市场效果
社会公众群落	政策监督	反馈政策信息	反馈政策信息	反馈市场效果	反馈市场效果	形成政策监督合力

科技创新政策生态群落体系中的核心政策是政策生态群落培育孵化政策。从维持政策生态系统的多样性和稳定性的角度制定对不同政策群落的培育、孵化政策。对政策群落（政策制定群落、政策宣传群落和政策执行群落）以体制改革、机制创新等方式形成提升业务能力和管理水平的长效机制。对创新主体群落（受益群落、关联主体群落和社会公众）以激发创新活动，促进创新主体自我成长为目标形成稳定的培育孵化机制。具体包括：提升政策制定群落对政策资源的整合能力，为其他群落提供高质量的政策能量。提升政策宣传群落对政策信息加工、转化、传导政策信息的能力，一方面便于政策执行群落进行操作，另一方面便于受益群落的吸收内

化。提升政策执行群落利用其业务优势将政策资源精准应用的能力，将政策资源应用于创新活动，对政策受益主体产生激励作用。提升政策受益群落的独立生存能力和自我进化能力，满足不同成长阶段的企业、研发机构的生产发展需求，使其成为科技创新政策生态系统运行的核心动力。提升关联企业群落进行组织调整、产业探索的能力。受创新链的影响关联企业群落推动产业链的螺旋上升发展。提升社会公众群落对政策群落的监督与评价能力。

　　为服务政策生态群落培育孵化政策这一核心政策，需要相关配套政策的支持，具体包括：建立新兴产业准入政策、人才政策和技术政策。战略性新兴产业是以重大技术突破和重大发展需求为基础，对经济社会全局和长远发展具有重大引领带动作用，知识技术密集、物质资源消耗少、成长潜力大、综合效益好的产业。2019 年，国家发展改革委公布了第一批 66 个国家级战新产业集群名单。从地区分布上来看，战略性新兴产业产业在山东、广东、北京、上海、湖南、湖北、河南、福建等地区已有良好的基础。其中，河南省数量为 4 个，分别是位于郑州的信息服务产业和下一代信息网络产业、位于平顶山的新型功能材料、位于许昌的节能环保产业集群。

　　通过新兴产业的准入方面的政策设计，培育孵化创新主体，活跃政策生态群落。针对较好基础的主导产业，新一代信息技术、生物技术、新材料、节能环保，加快引进培育一批头部企业和拥有核心技术的零部件企业，打造一批支撑带动性强的产业集群。针对有一定基础的高成长性产业，高端装备、新能源、新能源及智能网联汽车、航空航天、新兴服务业，要加强人才政策和技术政策支持，实现关键技术装备的突破应用和新兴技术的融合赋能。针对尚处于起步阶段的量子信息、氢能与新型储能、类脑智能、未来网络、生命健康科学、前沿新材料等未来产业做出规划布局，推动产业破冰引领，创建国家未来产业先导示范区（见表 8 - 3）。

表 8 – 3   新兴产业政策设计

新兴产业	政策设计
新一代信息技术、生物技术、新材料、节能环保	龙头企业优惠政策、产业集群政策
高端装备、新能源、新能源及智能网联汽车、航空航天、新兴服务业	人才政策、技术政策
量子信息、氢能与新型储能、类脑智能、未来网络、生命健康科学、前沿新材料	产业规划与布局

通过人才政策和技术政策的配套，活跃政策生态群落的生存能力和自我修复能力，为研发、中试、产业化、工程化提供人才、技术支持。人才政策一般包括人才培养政策、人才引进政策、人力激励和人才评价政策。技术政策是关于选择具体的技术类型、技术结构以及相应的资金、劳动力和资源配置方面的一系列措施规定。人才政策和技术政策为创新主体开展技术研发、技术应用、技术推广等创新活动提供支持。辅助政策包括土地政策为生态群落实体提供经营场所，保证经营场所、研发场所和孵化场所；财政政策为生态群落提供资金支持，加大财政对基础研究的投入力度，进一步健全鼓励支持基础研究、原始创新的体制机制。建立以财政投入为引导、企业投入为主体、金融市场为支撑的多元科技投入体系，为政策生态群落的生存与发展提供支持。

8.2.2 科技创新政策生态环境政策设计

科技创新政策生态环境政策体系的政策目标是形成稳定的经济环境、高效的技术环境和良好的文化环境。科技创新政策生态系统中的经济环境是系统存在的基础，经济环境的有序发展为政策生态群落的生存提供稳定基础。政策受益群落、关联企业群落在尊重经济规律的基础上从事创造财富、满足社会需求的经济活动，政策制定群落、宣传群落、执行群落在发挥市场作用的主导下弥补市场失灵，建立良好的市场秩序和维护竞争秩序，形成科技创新政策的制度供给。社会公众群落在稳定的经济环境运行下才能有物质保障和经济基础参与科技创新政策生态活动。强劲有力的经济环境能够给科技创新政策生态群落提供成长所需的物质能量，扩大信息来源和渠道，提高生态资源质量，是最关键的生态环境。

科技创新政策生态系统的技术环境是政策群落所处的科学技术综合水平。它是一个区域科技政策生态系统升级的助推器，决定科技创新政策生态系统的档次。优质的技术环境包括先进的技术水平、高端的技术人才、雄厚的技术资金、高速的技术产业化。技术环境减少科技政策生态群落之间无效沟通，提升技术效率和规模效率，提高科技政策投入效率。因此，职能部门、科研院所、企业要密切配合联动，推动优势资源加速向科技创新集中，通过不断加大研发资金投入，开发新技术、新工艺，生产新产品，开拓新市场，培育创新人才，开展重大科技专项攻关，加大研发投入力度，促进技术成果化、产业化，争取在高端创新资源集聚、关键技术攻关、重大平台建设等方面取得标志性、突破性进展，凝聚亿万中华儿女人人尽力、人人出彩的磅礴伟力，营造持续创新的技术环境，实现科技政策生态环境的换档升级，加快国家创新高地和重要人才中心建设。

科技创新政策生态系统中的文化环境包括全社会对政策的认识程度、科学精神、民主意识、创新精神等基本价值和观念。文化环境影响着科技创新政策生态群落的生存选择、活动方式和群落之间的联系形态和依存关系。通过对文化教育和科技素养的训练，加强法治、民主意识的洗礼，在全社会大力弘扬创新精神，形成尊重劳动、尊重知识、尊重人才、尊重创造的良好风尚，凝聚起同心共筑中国梦、争先进位谋出彩的强大合力，形成具有科学精神和契约精神的文化环境，优化科技创新政策生态系统，为国家高水平科技自立自强体现出河南省的担当、做出河南省的贡献。

科技创新政策生态系统的核心政策是政策生态环境提质优化政策。配套政策包括产业融合政策、创新平台建设政策、信息服务共享政策。先进制造业和现代服务业深度融合，是增强制造业核心竞争力、培育现代产业体系、实现河南省高质量发展的重要途径。先进制造业与现代服务业深度融合，是指两者打破传统产业边界，彼此相互嵌入、衍生、转化、合成、赋能等，形成更高效率、更高价值的新产品新模式新业态的过程。推进这一过程，有利于促进产业转型升级、提升产业竞争力，进而提高经济社会整体运行效率，发挥产业协同效应，增强产业链供应链韧性，推动产业高质量发展。通过产业融合政策，尤其针对河南省先进制造业与现代服务业融合进行配套支持，在新兴产业上抢滩占先、在未来产业上前瞻布局，为科技创新政策生态系统提供高质量的经济环境。

科技创新平台是实现知识创造、前沿探索、工艺创新、成果转化的重要载体，对促进我国科学源头创新，支撑社会经济发展有着重要作用，已成为我国提高国家综合竞争力的重要力量。科技创新平台建设政策是关于科技创新平台的规划、申报、建设、管理与考核的政策。一般包括国家重大科技基础设施、国家重点实验室、国家工程技术研究中心、国家工程实验室、国家工程研究中心等国家级科技创新平台。国家重大科技基础设施和国家重点实验室侧重基础研究和应用基础研究。国家重大科技基础设施通常建设规模巨大、参与人数众多、投资庞大、有较高社会影响力，主要进行综合性的科学研究，更侧重完成重大科学目标和满足国家战略需求；国家重点实验室通常涉及学科相对单一，参与人数相对较少，资金投入规模相对较小，更侧重学科理论与技术前沿的突破与创新。

国家工程研究中心、国家工程实验室、国家工程技术研究中心则侧重应用研究与开发研究，其科学研究的目标更贴近市场需求，项目规模则与依托单位的综合实力和相应的总体投入有关。省市级科技创新平台主要包括省级企业技术中心、省产业技术研究院、省级技术创新平台、省级新型研发机构、省技术创新中心和市级产学研联合实验室、市级工程技术研究中心、市级科技资源共享服务平台等。

合理规划河南省高能级创新平台的建设工作，发挥高校和科研院所在基础研究、技术前沿等方面优势创建国家重大科技基础设施和国家重点实验室，发挥企业在技术应用和成果转化方面的优势创建工程技术类在创新的平台。在产业创新平台建设方面，发挥国家生物育种产业创新中心和神农种业实验室两大种业创新平台的引领作用，提升河南农业生物育种在全国的影响力。在创新平台主体建设方面，发挥企业创新主体作用，推进产业技术研究院、技术转移中心、生产力促进中心、技术检验测试中心、工业设计院以及各类企业孵化器等平台建设。做好储备大力推进河南省工程研究中心升级国家级工程研究中心。

在创新成果转化方面，主动对接长三角、京津冀、粤港澳大湾区等创新优势区域，吸引国内外重大科技成果在河南省落地转化，发挥国家技术转移郑州中心的集聚作用，打通科技与经济社会发展之间的通道。通过科技创新平台建设政策，为科技创新政策生态系统提供高效技术环境。

信息服务共享政策。利用数字化技术建设信息共享政策。探索数字化政策信息服务共享机制。围绕科技创新政策功能链上的七大功能，对科技创新政策拆解，建立科技创新政策信息库。针对产业需求、企业需求再次建立政策服务包，对口产业、对接企业。大力推进数字化改革，建立一体化智能化公共数据平台，通过数据平台智能采集重点企业数据信息，聚合成企业全景式数字化镜像。利用数字化平台，推送政策信息，提供政策服务，探索政策治理全流程全链条闭环整体变革，实现政策治理方式和服务规范的系统性重塑。

通过产业融合政策、科技创新平台建设政策和信息服务共享政策实现支撑科技创新政策生态的经济环境、技术环境和文化环境。科技创新政策生态环境体系的辅助政策有土地政策、财政政策、金融政策和教育政策。通过土地政策的支持，为创新活动的开展和创新主体的生存发展提供空间场所。通过财政政策、金融政策，提供资金支持和融资渠道，为创新活动提供资金支持环境。通过教育政策，能够提供创新人才、技术突破和可持续竞争力，实现创新环境不断更新。

8.3 科技创新政策生态系统实施策略

8.3.1 建立以科技部门为主的政策落实协同推进机制

（1）建立以省科技厅牵头的联席会议制度。成员由省发展改革委、省财政厅、省教育厅、省人社厅，省农业农村厅、省工业和信息化厅、省商务厅组成，推动全省科技创新政策落实工作与同级部门之间建立常态化沟通联络机制。贯彻落实党中央、国务院和省委、省政府关于科技创新的决策部署，推进创新驱动、科教兴省、人才强省战略，统筹科技创新与经济发展、社会服务工作。每季度召开一次联席会议，研究和协调科技创新领域重点问题，推进重点产业科技创新规划制定，指导落实科技创新发展重大任务并开展政策落实情况评估。研究分析河南省科技创新政策落实情况、存在主要问题等，研究提出相关政策建议。负责科技创新政策落实工作中涉及有关部门的统筹协调、沟通配合等工作。通过建立联席会议制度，强化科技资源统筹能力，加快政策落实进度。

（2）探索科技创新政策辅导团制度。从业务部门、高等院校、金融机构选派具有企业管理、人力资源管理、专业技术背景的专家骨干力量组成科技创新政策辅导团。开展每周一家企业走访、每月一次政策辅导、每季度一次专题答疑、每年度两次反馈总结，聚焦河南省重点产业，针对高新技术企业、科技型中小企业、专精特新企业、"瞪羚"企业和"独角兽"企业分门别类精准设计企业创新成长进化地图，提高创新主体对政策认知度、支持度和参与度，提升对政策的学习、吸收和内化能力。

（3）实施靶向政策供给制度。聚焦人才、技术、资金三大科技创新核心问题，寻找政策落实洼地，整合创新资源，实施靶向政策供给，确保落到实处、收到实效。

8.3.2　建立科技创新政策跟踪反馈机制

（1）开展科技创新政策落实情况跟踪调查工作。收集惠企数据，整理总结政策落实前后的变化，政策宣传前后政策认知的提升，政策落实环境的改变。开展科技创新政策认知度、满意度调查，从政策的适用性、稳定性、协调性、可操作性上掌握现行政策的基本情况。通过政策信息服务共享平台，及时了解政策进度，利用大数据技术呈现不同类型的科技创新政策落实进度库。

（2）开展科技创新政策落实第三方评估工作。加快制定《科技创新政策第三方评估技术指南》，就调研流程、协调部署、应急处理等开展专门培训，统一规范调查问卷类型、内容、填写、记录、编码、数据处理等问题，在保证各项工作的技术性、专业性、细致性的基础上，构建独立公正的科技创新政策落实第三方评估。公示考核结果，将评估结果作为地区营商环境考核的指标，作为业务部门工作绩效考核指标。

（3）统筹多方力量参与政策跟踪调查。充分发挥社会公众在科技创新政策跟踪调查方面的监督权和调查权，实现政策落实全过程民主监督管理。在社区、园区设置政策落实调查员公益性岗位，在重点企业内部设立政策落实宣传员和监督员，参与对政策落实的跟踪调查工作，确保"事事有人管、件件有人抓、时时有反馈"的责任机制。

8.3.3　营造崇尚科学、宽容失败的政策环境

（1）用真金白银投资教育。持续增加教育投入，提高各学段生均经费，确保各级政府投入责任有效落实。通过大力投资教育为实现创新高地建设提供人才支撑和智力支持。把发展科技第一生产力、培养人才第一资源、增强创新第一动力更好结合起来。

（2）建立人才共育共培制度。全力支持高校在人才培养、技术创新方面主阵地的作用。建立与国内外知名大学的共办、共培模式，在互容、互

鉴、互通中发展具有特色的现代化教育。充分发挥企业重要办学主体作用，支持重点科研院所、高等学院、科研人员、技能专家、师资力量等下沉、上挂，提升区域间整体人才竞争力，为区域协调发展积蓄起强大动能。深化产教融合校企合作，推动专业紧密对接产业。围绕装备制造、绿色食品等战略支柱产业链，新型显示和智能终端等战略性新兴产业链，氢能和储能、量子信息等未来产业，主动对接区域经济社会发展需求，推动教育专业链与人才链、产业链、创新链同频共振、深度融合。

（3）建立容错免责机制。坚持"容错"与"纠错"、"免责"与"问责"相统一，正确把握容错免责政策界限，既允许试错、宽容失误，又坚决查处违纪违法行为。加快出台《实施容错免责机制指导意见》，规范在科学探索、技术突破、创新管理工作中的容错免责适用情形、容错免责认定标准、容错免责程序及运用、同步落实纠错措施、建立健全澄清保护举措、营造激励担当氛围。在推进容错免责机制过程中，坚持依法办事。牢固树立党章党规党纪和法律法规意识，严守纪律底线、法律红线，把纪律挺在前面，坚持以法治思维和方式推进科技创新工作改革发展。坚持实事求是原则，从实际出发，客观公正看待工作中的失误、偏差，对产生问题的背景原因、动机目的和性质后果，慎重研判认定，确保结果经得起历史和实践检验。

8.3.4　开展科技创新政策落实"最后一公里"三年行动

启动科技创新政策落实"最后一公里""三大工程"，具体举措包括：

8.3.4.1　"最后一公里"主体能力提升工程

设置政策落实监督员公益性岗位。统筹多方力量参与政策落实监督工作。充分发挥社会公众在科技创新政策落实方面的监督权和调查权，实现政策落实全过程民主监督管理。率先在高校、科技园区设置政策落实监督员公益性岗位，在重点企业内部设立政策落实宣传员和监督员，参与对政策落实的监督工作，确保"事事有人管、件件有人抓、时时有反馈"的责任机制。

启动科技创新政策辅导团制度。从业务部门、高等院校、金融机构选派具有企业管理、人力资源管理、专业技术背景的专家骨干力量组成科技创新政策辅导团。开展每周一家企业走访、每月一次政策辅导、每季度一次专题答疑、每年度两次反馈总结，聚焦河南省重点产业，针对高新技术企业、科技型中小企业、专精特新企业、"瞪羚"企业和"独角兽"企业分门别类精准设计企业创新成长进化地图，提高创新主体对政策认同度、支持度和参与度，提升对政策的学习、吸收和内化能力。

开展专业能力和业务水平培训计划。主要针对科技、财税、金融等科技服务部门开展实战化大培训、专业化大练兵、特色化大比武活动，围绕提高专业素质、鉴定专业技能、规范服务流程、完善服务态度开展"拉网式"培训，全面提升基层队伍的工作能力，为"最后一公里"做好科技服务。

8.3.4.2 "最后一公里"环节畅通工程

开展科技创新政策落实"最后一公里"跟踪调查工作。收集惠企数据，整理总结政策落实前后的变化，政策宣传前后政策认知的提升，政策落实环境的改变。开展科技创新政策认知度、满意度调查，从政策的适用性、稳定性、协调性、可操作性上掌握现行政策的基本情况。通过政策信息服务共享平台，及时了解政策进度，利用大数据技术呈现不同类型的科技创新政策落实进度库。

建立科技创新政策落实督办制度。按程度对政策目标进行分解，按步骤对实施任务细化，对关键任务和薄弱环节以时间节点进行分解，实现对政策落实全链条督办。建立政策落实旬统计、月调度、季督查制度。根据需要采取下发督办通知、现场检查、电话调度、书面报告等方式进行跟踪督查督办，通过多头跟进、齐督共促，加快科技创新政策在"最后一公里"落地。

开展科技创新政策落实第三方评估工作。加快制定《科技创新政策第三方评估技术指南》，就调研流程、协调部署、应急处理等开展专门培训，统一规范调查问卷类型、内容、填写、记录、编码、数据处理等问题，在保证各项工作的技术性、专业性、细致性的基础上，构建独立公正的科技创新政策落实第三方评估。公示考核结果，将评估结果作为地区营商环境考核的指标，作为业务部门工作绩效考核指标。

8.3.4.3 科技创新政策生态环境优化工程

实施落实"最后一公里"数字化行动。建立数字化政策信息服务共享平台。围绕科技创新政策功能链上的七大功能，对科技创新政策拆解，建立科技创新政策信息库。针对产业需求、企业需求再次建立政策服务包，对口产业、对接企业。利用政策信息服务共享平台，推送政策信息，提供政策服务，探索政策治理全流程全链条闭环整体变革，实现政策治理方式和服务规范的系统性重塑。

将协同创新环境纳入营商环境考核指标。加快制定协同创新环境科学评价指标体系，确定协同创新环境在营商环境考核权重比例，将其作为考核任务。有关部门要加强协调配合，发挥职能作用，合力推动协同创新环境高质量发展。

启动科技创新工作容错免责机制。加快出台《实施容错免责机制指导意见》，规范在科学探索、技术突破、创新管理工作中的容错免责适用情形、容错免责认定标准、容错免责程序及运用、同步落实纠错措施、建立健全澄清保护举措、营造激励担当氛围。

8.3.4.4 组织实施

为确保打通科技创新政策落实"最后一公里"3年行动目标实现，分四个阶段进行：

（1）科学论证阶段（2023年9月~2023年10月）。省科技厅、省科委研究制定全省科技创新政策落实"最后一公里"的工作方案，督促高校、科研院所、郑洛新国家自主创新示范区、高新区、开发区等区内企业制定科技创新政策落实"最后一公里"实施方案。

（2）启动实施阶段（2023年11月~2023年12月）。全省省管高校、科研院所、郑洛新国家自主创新示范区、高新区、开发区内企业启动政策落实监督员岗位设置工作，科技、税收、金融等业务部门启动专业能力和业务水平培训计划，省科技厅联合相关部门启动"最后一公里"环节畅通工程和政策生态环境优化工程，出台督办、跟踪调查、第三方评估、容错免责等方面的办法规定。

（3）深入推进阶段（2024年1月~2025年1月）。统筹考虑高校、科研院所和企业政策落实监督员岗位设置情况，开展监督员业务培训，完善监督反馈环节。完成80%以上的科技、财税、金融等业务部门的专业能力和业务水平培训计划。科技创新政策辅导团完成80%以上的高新技术企业、科技型中小企业、"瞪羚"企业、"独角兽"企业的辅导培训工作。督办、跟踪调查、第三方评估、容错免责制度和数字化政策治理工作有序推进，在高校、科研院所、企业系统评选科技创新政策落实"最后一公里"优秀案例、落实标兵，进行全省表彰。

（4）完善发展阶段（2025年2月~2026年9月）。发挥优秀案例、落实标兵的引领作用，在国家、省、市级科技园区内开展"学标兵、保落实"的专项活动，全面提升创新主体的政策学习认知能力。建成全省科技创新政策信息服务共享平台，对口产业、对接企业，推送政策信息，提供政策服务，实现落实"最后一公里"数字化高效运行，确保按期完成科技创新政策落实"最后一公里"3年行动计划目标。

综上所述，本章基于未来发展视角，构建了科技创新政策生态系统。在核心政策、配套政策和辅助政策的政策框架内对其进行系统设计，并在此基础上提出科技创新政策实施策略，具体包括：通过建立以省科技厅牵头的联席会议制度、探索科技创新政策辅导团制度、实施靶向政策供给制度，建立以科技部门为主的政策落实协同推进机制。通过开展科技创新政策落实情况跟踪调查工作、科技创新政策落实第三方评估工作、统筹多方力量参与政策跟踪调查，建立科技创新政策跟踪反馈机制。用真金白银投资教育、建立人才共育共培制度、容错免责机制，形成崇尚科学、宽容失败的政策环境。

专栏 8－1　　　　　　　　　　科技创新政策生态系统

基本组成	政策设计			实施策略	
科技创新政策生态群落体系	核心政策	配套政策	辅助政策	建立以科技部门为主的政策落实协同推进机制	建立以省科技厅牵头的联席会议制度
	生态群落培育孵化政策	新兴产业准入政策	土地政策　财政政策　金融政策　教育政策		探索科技创新政策辅导团制度
		人才政策			实施靶向政策供给制度
		技术政策		建立科技创新政策跟踪反馈机制	开展科技创新政策落实情况跟踪调查工作
					开展科技创新政策落实第三方评估工作
科技创新政策生态环境体系	政策环境提质优化政策	产业融合政策			统筹多力量参与政策跟踪调查
		创新平台建设政策		营造崇尚科学、宽容失败的政策环境	用真金白银投资教育
		信息服务共享政策			建立人才共育共培制度
					建立容错免责机制

第9章　研究结论与展望

9.1　研究结论

本书课题的主要研究结论如下：

第一，界定科技创新政策、科技创新政策落实和科技创新政策落实"最后一公里"、科技创新政策生态系统等基本概念。科技创新政策，即科学技术与创新政策，为政府为促进科技创新活动、提升科技创新能力，引领经济发展、技术创新和社会进步而制定的公共政策。科技创新政策落实，是指科技创新政策落到科技创新活动过程中，通过政策引导优化科技资源配置，营造创新生态环境，满足创新主体的需求，实现政策目标。科技创新政策落实"最后一公里"就是要通过科技创新政策落实机制，高效配置科技创新资源，营造良性创新生态环境，满足创新主体的需求，实现经济发展、技术创新和社会进步。科技创新政策生态系统是以科技创新政策资源为基础，由科技创新政策生态群落在政策生态环境下实现共生、竞合、互惠的动态关系。

第二，通过调研数据分别分析了国家层面和省域层面科技创新政策落实的现状，总结了在政策供给、创新主体创新能力、政策认知、信息渠道来源和落实效果等方面的特点。在国家层面上对科技创新政策认知程度由高到低分别为：科技人才类、知识产权类、技术研发类、科技投入类、财税优惠类、社会服务类、科技金融类。在政策渠道获取上，形成了以企业自主、同行交流学习为主，以政府组织为辅，以社会媒介宣传为补充的政策信息渠道的基本格局。河南省域层面上，财税优惠类政策整体认知水平高于全国平均水平。科技金融类政策中，对"高新技术企业贷款优惠政策"和"科技型中小企业技术创新基金及投资引导基金政策"的认知程度较高。技术研发类政策中，"技术标准化政策"认知高于全国平均水平。科技投入类政策中"科院机构改革政策"和"科研经费投入政策"认知高于全国平均水平。科技人才类政策中"人才引进政策"认知高于全国平均水平。在此基础上，选取299家河南省科技型企业对先行先试政策进一步调研。结果显示，以企业为代表的创新主体对河南省先行先试政策的认知仍有提升空间，创新成本、人才、资金、市场等因素制约了创新活动的开展。创新活动以单独进行为主，缺乏合作和交流。河南省协同创新环境和政府响应评价均低于全国平均水平。通过申请意愿与政策认知比较分析，反映出创新能力、企业需求、行业差异等多种因素对落实效果都会产生影响。

为进一步掌握科技创新政策在河南省高校落实"最后一公里"的情况，调查河南省内20多家高校。结果显示，高校科研人员对减轻科研人员负担政策认知程度较高，其次为人才评价与职称改革政策措施，人才激励与奖励政策措施和科技成果转化政策措施的认知度相对较低。高校科研活动资金不足、设备不够、工作场所紧张，基础条件和资金跟不上，这些问题制约了科研工作的展开，同时科研激励环境如"人才评价与职称制度"等政策措施也影响了科技创新活动。

第三，运用政策文本分析法分析了河南省科技创新政策供给特征。通过在河南省人民政府网、河南省科技厅、河南省财政厅等网站上检索2005—2021年的"科技创新"有关的128条政策，分析了政策供给主体特征和政策供给内容特征。河南省内科技创新政策供给的主要部门是河南省人民政府、河南省科技厅、河南省财政厅和河南省教育厅。省科技厅仍然是科技政策单独供给的主体部门。省科技厅参与的政策制定大多有关科技投入、技术研发。省财政厅参与的政策制定大多有关社会服务、金融支持、财税优惠。省教育厅参与的政策制定大多有关人才队伍、知识产权、技术研发。由多厅联合制定的政策主要针对农业科技园区、高新技术企业、高校科研院所方面。在供给内容方面，财税优惠类政策占比 6%、科技金融类政策占比 7%、技术研发类政策占比 18%、科技投入类政策占比 28%、科技人才类政策占比 17%、社会服务类政策占比 24%。

第四，在实地调研和数据分析基础上，系统分析了科技创新政策落实机制，从机制视角分析了科技创新政策落实"最后一公里"存在的问题，并提出对策建议。科技创新政策落实机制是在尊重科技创新活动科学性的前提下，为实现科技创新政策预期效果，多元科技创新政策实施主体在合法合规的程序下参与的开放包容的科技创新政策传导机制。科技创新政策落实机制具有开放性、科学性、复杂性和合法性四个特征。科技创新政策制定主体、宣传主体、执行主体和科技创新政策的受益主体、关联主体和社会公众共同构成了科技创新政策落实机制的关键节点。

科技创新政策重要链式环节包括：科技创新政策落实的时间链式环节、科技创新政策功能链式环节和创新活动的逻辑链式环节。由时间链式环节、功能链式环节和逻辑链式环节共同构成了科技创新政策落实机制的三维结构。机制视角下科技创新政策落实"最后一公里"中存在的问题有：关键节点有缺失，表现为宣传主体模糊化、忽视关联主体和社会公众。重要链式环节不健全，表现为功能链式环节存在比例失衡、逻辑链式环节存在供需差异。三维传导有阻滞，表现为时间维上执行和学习之间有断层、功能维上政策功能未充分发挥、逻辑维上缺乏系统设计。

针对以上问题，从三个方面提出了科技创新政策落实"最后一公里"对策建议。通过重塑宣传主体地位、发挥关联主体和社会公众的纽带作用，建立多元主体参与的科技创新政策落实"最后一公里"关键节点。通过建立相对均衡的功能链式环节、建立供需匹配的逻辑链式环节，完善科技创新政策落实"最后一公里"链式过程。通过畅通科技创新政策信息渠道、细化科技创新政策落实步骤、理顺科技创新政策落实回路，建立高效传导的科技创新政策三维落实机制。

第五，从影响因素视角分析了科技创新政策落实"最后一公里"存在的问题，并提出对策建议。科技创新政策落实"最后一公里"的影响因素有：科技创新政策供给、创新主体的创新能力、创新主体的政策认知、协同创新环境和政府响应。这些影响因素形成不同组态，影响了科技创新政策落实。影响因素视角下科技创新政策落实"最后一公里"存在的问题有：政策供给结构有待完善，表现为财税优惠类与科技金融类政策供给不足、科技人才类政策供给比例不均。创新主体的创新能力亟须提升，表现为资金与人才因素制约创新活动质量、创新主体间合作程度影响创新活动水平。创新主体的政策认知水平有待提高，表现为缺少针对性的政策学习辅导、尚未形成政策信息双向流通的政策认知路径。协同创新环境仍需改善，表现为创新主体协同动力不足、科技资源协同存在阻碍。

针对以上问题，从三个方面提出了科技创新政策落实"最后一公里"对策建议。通过创新财税、金融类政策，聚焦科技人才培养政策，完善科技创新政策供给。通过整合创新资源为创新主体减负、推进重大创新平台建设为创新主体赋能，提升多元主体创新能力。通过探索科技创新政策辅导团制度、构建学习型科技创新发展共同体，增强政策学习内化能力。通过以主体协同推进产业升级、以资源协同提升竞争优势，优化协同创新环境。

第六，在影响因素分析的基础上，建立了科技创新政策影响因素组态模型，运用模糊集定性比较分析（fsQCA）的方法对科技创新政策落实"最后一公里"问题进行实证分析，探索科技创新政策落实的影响因素的组态关系，进行路径设计。研究发现，科技创新政策的落实呈现多因素协同、多路径并存的特点。科技创新政策落实"最后一公里"的路径设计有两条，分别为：路径一是强认知的科技创新政策供给推动型。路径二是创新能力和创新协同环境驱动型。路径一又分为两条子路径，分别为弱环境、强认知的科技创新政策供给推动型和强响应、强认知的科技创新政策供给推动型。路径二也分为两条子路径，分别为有利条件下的创新能力与协同创新环境驱动型和不利条件下的创新能力和协同创新环境驱动型。

第七，从政策生态系统角度，提出了科技创新政策生态系统的概念，并进行政策设计，构建了实施策略。在界定科技创新政策生态系统的基本概念的基础上，提出河南省构建科技创新政策生态系统的重要意义，分析了河南省科技创新政策生态系统的特征。设计了由核心政策、配套政策和辅助政策组成的政策框架，从科技创新政策生态群落体系和科技创新政策生态环境体系两个方面进行了科技创新政策生态系统的政策设计。通过建立新兴产业准入政策、人才政策和技术政策，形成科技创新政策生态群落培育孵化政策，实现政策生态群落间共生互惠、价值共创的政策目标。通过产业融合政策、创新平台建设政策、信息服务共享政策，形成科技创新政策生态环境提质优化政策，实现稳定经济环境、高效技术环境和良好文化环境的政策目标。

9.2　研究展望

未来在以下方面可进行持续深入的研究：

第一，进一步深化应用研究成果，更新全国和省域层面的调研数据，进一步丰富东部、西部和中部地区的对比分析，探索科技创新政策落实的区域特点。针对不同类型的创新主体开展科技创新政策落实专项研究。为实现科技创新政策落实"最后一公里"，针对高新技术企业、科技型中小企业、"瞪羚"企业、"独角兽"企业、农业科技企业、新兴产业领域企业等不同创新等级、不同产业类型的企业开展科技创新政策落实专项研究。增加对科研院所、新型研发机构的调研，深入挖掘在技术攻关、成果转化等创新活动中科技创新政策落实"最后一公里"的现状和问题。

第二，进一步深化理论研究成果，继续深入科技创新政策生态系统的研究，进一步拓展研究范围。以科技创新政策生态系统研究为核心，开展科技创新政策生态群落关系研究、群落间政策信息交换机制研究、创新主体对政策信息学习内化研究、科技创新政策生态环境评价与效果评估研究等，进一步推进科技创新政策落实的理论研究。

附 录

附录1　科技创新政策落实
"最后一公里"调查问卷

尊敬的女士/先生：

您好！感谢您在百忙之中抽出时间填写调查问卷，本问卷旨在研究科技创新政策落实情况，调研所获得的信息与数据只用于学术研究，不会另做他用。请根据公司的实际情况填写本人的真实意见，我们承诺将对所有信息严格保密，请您放心作答。

感谢您的配合与支持，祝您工作顺利、身体健康！

一、企业基本信息

0101　企业名称：＿＿＿＿＿＿＿＿＿＿＿＿＿＿＿＿＿＿

0102　企业成立时间：＿＿＿＿＿＿＿＿＿＿＿

0103　企业所在区域：＿＿＿＿＿省/市＿＿＿＿＿区/县

0104　企业所有权性质：

□国有　□国有控股　□民营　□外资　□合资　□其他＿＿＿＿

0105　贵企业按规模分类为：

□大型企业（从业人数≥1 000人，年营业收入≥40 000万元）

□中等企业（300≤从业人数＜1 000人，2 000万元≤年营业收入＜40 000万元）

□小型企业（20≤从业人数＜300人，300万元≤年营业收入＜2 000

万元）

　　□微型企业（从业人数＜20人，年营业收入＜300万元）

　　0106　贵企业在2016年度的销售额：

　　□500万元以下　□500万～1 000万元　□1 000万～5 000万元

　　□5 000万～1亿元　□1亿～5亿元　□5亿～10亿元

　　□10亿～50亿元　□50亿～100亿元　□100亿元以上

　　0107　贵企业员工人数＿＿＿＿＿＿＿＿＿＿人，其中科技人员＿＿＿＿＿＿＿＿＿＿

人，科技人员中：硕士＿＿＿＿＿＿＿＿＿＿人，博士＿＿＿＿＿＿＿＿＿＿人

　　0108　贵企业是否通过高新技术企业认证：□是　　□否

　　如果被认定为高新技术企业，认定等级是：□国家级　　□省级　　□市

级　　□县级

　　0109　贵企业是否为经有关政府部门认定的创新型（试点）企业：

□是　　□否

　　如果是被认定为下列哪类：

　　□国家级创新型企业　　　　　　　　□国家级创新型试点企业

　　□省（自治区、直辖市、计划单列市、新疆兵团）级创新型企业

　　□省（自治区、直辖市、计划单列市、新疆兵团）级创新型试点企业

　　0110　贵企业2019年以来是否从事以下科技创新活动（可多选）：

　　□由本企业自行开展科技研发活动

　　□本企业独自、牵头或参与承担各类财政资金资助的科技项目

　　□由本企业出资委托其他企业（包括集团内其他企业）、研究机构或

高等学校进行的研发活动

　　□由本企业出资委托境外机构或个人进行研发活动

　　□为实现产品（服务）创新或工艺创新而购买或自制机器设备

　　□为实现产品（服务）创新或工艺创新而租赁机器设备

　　□为开展自主研发购买软件、专利、版权、非专利技术、技术诀窍等

技术类无形资产

　　□申请、注册专利、软件著作权、版权、设计权或新药证书、植物新

品种

□为实现产品（服务）创新或工艺创新而进行人员培训

□为开展技术类创新活动临时聘用外部研发人员、技术工人

□将新产品（服务）推向市场时进行的活动，包括市场调研和广告宣传等

□与实现产品创新或工艺创新有关的可行性研究、测试、工装准备等其他活动

0111　阻碍因素中对贵企业开展创新活动影响较大的有（可多选，不超过3项）：

□缺乏企业或企业集团内部资金支持

□缺乏来自企业外部的资金支持

□创新费用方面成本过高

□缺乏技术人员或技术人员流失

□缺乏技术方面的信息

□缺乏市场方面的信息

□很难找到合适的创新合作伙伴

□市场已被竞争对手占领

□不确定创新产品的市场需求

□没有进行创新的必要

二、企业对不同类型的科技创新政策的认知程度（请根据切身体会划√，1分表示完全不了解，2分表示不太了解，3分表示一般，4分表示比较了解，5分表示非常了解）。

政策类型	序号	评价指标	分值				
财税政策	1	企业研发费用加计扣除政策	1	2	3	4	5
	2	高新技术/小微/技术先进型服务企业税收优惠政策	1	2	3	4	5
	3	农业综合开发产业化经营项目补贴政策	1	2	3	4	5
	4	农机购置补贴政策	1	2	3	4	5

政策类型	序号	评价指标	分值				
金融政策	5	农业企业、高新技术企业贷款优惠政策	1	2	3	4	5
	6	农业保险政策、高新技术企业科技保险政策	1	2	3	4	5
	7	科技型中小企业技术创新基金及投资引导基金政策	1	2	3	4	5
	8	中小企业信用担保政策	1	2	3	4	5
技术政策	9	技术发展规划政策	1	2	3	4	5
	10	技术标准化政策	1	2	3	4	5
	11	技术创新政策	1	2	3	4	5
	12	技术推广政策	1	2	3	4	5
人才政策	13	引进科技人才政策	1	2	3	4	5
	14	人才评价和激励政策	1	2	3	4	5
	15	人才培训和教育政策	1	2	3	4	5
科技投入政策	16	中央财政科技计划（专项、基金）管理政策	1	2	3	4	5
	17	科研机构和体制改革政策	1	2	3	4	5
	18	科技基础设施投资政策	1	2	3	4	5
	19	科技经费投入政策	1	2	3	4	5
社会化服务政策	20	高新技术企业、创新型企业认定政策	1	2	3	4	5
	21	科技中介服务政策	1	2	3	4	5
	22	科技园区、开发区、示范区等基地平台政策	1	2	3	4	5
知识产权政策	23	新技术、新产品、新服务等产权保护政策	1	2	3	4	5
	24	科技成果转化政策	1	2	3	4	5
	25	植物新品种名录、农作物品种名录、兽药品种名录、饲料原料目录、进出口农药目录	1	2	3	4	5

三、不同类型政策的落实情况（请按照实际情况划√，1 分表示完全不同意，2 分表示不同意，3 分表示不确定，4 分表示同意，5 分表示完全同意）。

政策类型	序号	评价指标	分值				
财税政策	1	现行的企业税收优惠政策完善	1	2	3	4	5
	2	现行财政补贴政策完善	1	2	3	4	5
	3	本企业享受税收优惠政策	是（　　　） 否（　　　），原因为： （　　）不知道有该政策 （　　）不符合政策条件 （　　）综合考虑政策申请成本及政策带来的实际优惠，认为"不划算"而未申请 （　　）出于企业经营策略考虑（如经营业绩、保密需要等）而放弃申请 （　　）有关职能部门认识不统一、协调不畅 （　　）其他（请具体指出）： ＿＿＿＿＿＿＿＿＿＿＿				
	4	本企业享受农业补贴政策	是（　　　） 否（　　　），原因为： （　　）不知道有该政策 （　　）不符合政策条件 （　　）综合考虑政策申请成本及政策带来的实际优惠，认为"不划算"而未申请 （　　）出于企业经营策略考虑（如经营业绩、保密需要等）而放弃申请 （　　）有关职能部门认识不统一、协调不畅 （　　）其他（请具体指出）： ＿＿＿＿＿＿＿＿＿＿＿				

政策类型	序号	评价指标	分值				
金融政策	5	现行企业贷款优惠政策稳定性高	1	2	3	4	5
	6	现行企业信用担保政策完善	1	2	3	4	5
	7	企业获得银行贷款容易	1	2	3	4	5
	8	企业有多种畅通的融资渠道	1	2	3	4	5
技术政策	9	有健全的技术标准	1	2	3	4	5
	10	当地科研院所与企业间的技术合作频繁	1	2	3	4	5
	11	政府财政对企业技术创新项目进行补贴	1	2	3	4	5
	12	政府能够为企业提供完善的技术指导、技术咨询和技术推广服务	1	2	3	4	5
人才政策	13	企业引进高科技人才容易	1	2	3	4	5
	14	企业人才流动频繁	1	2	3	4	5
	15	政府组建人才测评与推荐中心	1	2	3	4	5
科技投入政策	16	财政科技计划充足	1	2	3	4	5
	17	本地科技基础设施适合企业发展	1	2	3	4	5
	18	科研机构精简高效	1	2	3	4	5
	19	政府对企业信息化建设给予补助	1	2	3	4	5
社会化服务政策	20	创办企业服务中心、企业孵化器等科技中介服务对企业帮助大	1	2	3	4	5
	21	建设科技园区、农业园区、开发区、示范区等基地平台对企业帮助大	1	2	3	4	5
	22	政府组织高校、科研院所与企业协同创新	1	2	3	4	5
知识产权政策	23	发明专利等新产品、新技术的产权保护力度大	1	2	3	4	5
	24	技术交易、技术市场等成果转化平台完善	1	2	3	4	5
	25	技术成果转化便利	1	2	3	4	5
	26	企业申请知识产权维权保护比较容易	1	2	3	4	5

0327 贵公司对科技创新政策的获取方式有？（多选题）

□行政部门组织学习传达

□公司职能部门自行学习

□同行交流学习

□社会媒体宣传学习

0328 您更希望通过哪种方式获取相关政策？（单选题）

□举办专题政策宣讲会

□通过赠发政策宣传册

□通过门户网站

□通过社交平台

□通过固定咨询点

附录 2 先行先试政策落实情况调查问卷

尊敬的女士/先生：

您好！感谢您在百忙之中抽出时间填写调查问卷，本问卷旨在研究新乡高新技术开发区先行先试政策落实情况，调研所获得的信息与数据只用于学术研究，不会另做他用。请根据公司的实际情况填写本人的真实意见，我们承诺将对所有信息严格保密，请您放心作答。

感谢您的配合与支持，祝您工作顺利、身体健康！

一、企业基本信息

1. 贵企业的名称：＿＿＿＿＿＿＿＿＿＿＿＿＿＿＿＿＿＿＿＿

2. 贵企业成立时间：＿＿＿＿＿＿＿＿＿＿＿＿＿＿

3. 贵企业所有权性质：□国有　□国有控股　□民营　□外资　□合资

4. 贵企业按规模分类为：

□大型企业（从业人数≥1 000 人，年营业收入≥40 000 万元）

□中等企业（300≤从业人数＜1 000 人，2 000 万元≤年营业收入＜40 000 万元）

□小型企业（20≤从业人数＜300 人，300 万元≤年营业收入＜2 000 万元）

□微型企业（从业人数＜20 人，年营业收入＜300 万元）

5. 贵企业在 2019 年度的销售额：

□500 万元以下　□500 万~1 000 万元　□1 000 万~5 000 万元

□5 000 万~1 亿元　□1 亿~5 亿元　□5 亿~10 亿元

□10 亿～50 亿元　□50 亿～100 亿元　□100 亿元以上

6. 贵企业员工人数_____人，其中科技人员_____人，科技人员中：硕士_____人，博士_____人

7. 贵企业是否通过高新技术企业认证：□是　□否

如果被认定为高新技术企业，认定等级是：

□国家级　□省级　□市级　□县级

8. 贵企业是否为经有关政府部门认定的创新型（试点）企业：

□是　　　　□否

如果是被认定为下列哪类：

□国家级　□省级　□市级　□县级

9. 贵企业 2018 年以来是否从事以下科技创新活动（可多选）：

□由本企业自行开展科技研发活动

□本企业独自、牵头或参与承担各类财政资金资助的科技项目

□由本企业出资委托其他企业（包括集团内其他企业）、研究机构或高等学校进行的研发活动

□由本企业出资委托境外机构或个人进行研发活动

□为实现产品（服务）创新或工艺创新而购买或自制机器设备

□为实现产品（服务）创新或工艺创新而租赁机器设备

□为开展自主研发购买软件、专利、版权、非专利技术、技术诀窍等技术类无形资产

□申请、注册专利、软件著作权、版权、设计权或新药证书、植物新品种

□为实现产品（服务）创新或工艺创新而进行人员培训

□为开展技术类创新活动临时聘用外部研发人员、技术工人

□将新产品（服务）推向市场时进行的活动，包括市场调研和广告宣传等

□与实现产品创新或工艺创新有关的可行性研究、测试、工装准备等其他活动

10. 阻碍因素中对贵企业开展创新活动影响较大的有（可多选，不超过 3 项）：

□缺乏企业或企业集团内部资金支持

□缺乏来自企业外部的资金支持

□创新费用方面成本过高

□缺乏技术人员或技术人员流失

□缺乏技术方面的信息

□缺乏市场方面的信息

□很难找到合适的创新合作伙伴

□市场已被竞争对手占领

□不确定创新产品的市场需求

□没有进行创新的必要

二、先行先试政策落实情况

11. 贵企业是否了解《新乡高新区科技金融"科技贷"业务管理办法（试行）》？

□是　　　□否

12. 贵企业是否申请科技贷：

□是　　　□否，原因为：

（　　　）不符合政策条件

（　　　）综合考虑政策申请成本及政策带来的实际优惠，认为"不划算"而未申请

（　　　）出于企业经营策略考虑（如经营业绩、保密需要等）而放弃申请

（　　　）有关职能部门认识不统一、协调不畅

（　　　）其他（请具体指出）：＿＿＿＿＿＿＿＿＿＿＿

13. 贵企业是否享受科技贷政策？

□是　　　□否

14. 您认为该政策对提升企业创新能力的帮助程度是（1分表示非常没有帮助，2分表示没有帮助，3分表示一般，4分表示比较有帮助，5分表示非常有帮助）。

□1　　□2　　□3　　□4　　□5

15. 您认为如何改进和优化科技贷政策？

_____

16. 贵企业是否了解《新乡高新区关于推动企业提升自主创新能力奖励办法（试行）》？

□是　　　□否

17. 贵企业是否申请？

□是　　□否，原因为：

（　　）不符合政策条件

（　　）综合考虑政策申请成本及政策带来的实际优惠，认为"不划算"而未申请

（　　）出于企业经营策略考虑（如经营业绩、保密需要等）而放弃申请

（　　）有关职能部门认识不统一、协调不畅

（　　）其他（请具体指出）：_____

18. 贵企业是否享受企业提升自主创新能力奖励政策？

□是　　　□否

19. 您认为该政策对提升企业创新能力的帮助程度是（1分表示非常没有帮助，2分表示没有帮助，3分表示一般，4分表示比较有帮助，5分表示非常有帮助）。

□1　　□2　　□3　　□4　　□5

20. 您认为如何改进和优化奖励办法？

_____

21. 贵企业是否了解《新乡高新区科技创新券实施管理办法（试行）》？

□是　　　□否

22. 贵企业是否申请新乡高新区科技创新券？

□是　　□否，原因为：

（　　）不符合政策条件

（　　）综合考虑政策申请成本及政策带来的实际优惠，认为"不划算"而未申请

（　　）出于企业经营策略考虑（如经营业绩、保密需要等）而放弃申请

（　　）有关职能部门认识不统一、协调不畅

（　　）其他（请具体指出）：＿＿＿＿＿＿＿＿＿＿＿＿

23. 贵企业是否享受新乡高新区科技创新券政策福利？

□是　　□否

24. 您认为该政策对提升企业创新能力的帮助程度是（1 分表示非常没有帮助，2 分表示没有帮助，3 分表示一般，4 分表示比较有帮助，5 分表示非常有帮助）。

□1　　□2　　□3　　□4　　□5

25. 您认为如何改进和优化科技创新券政策？

＿＿＿＿＿＿＿＿＿＿＿＿＿＿＿＿＿＿＿＿

26. 贵企业是否了解《新乡高新区促进生命科学和生物技术产业发展奖励办法（试行）》？

□是　　□否

27. 贵企业是否依据该政策申请奖励？

□是　　□否

28. 贵企业是否申请该奖励？

□是　　□否，原因为：

（　　）不符合政策条件

（　　）综合考虑政策申请成本及政策带来的实际优惠，认为"不划算"而未申请

（　　）出于企业经营策略考虑（如经营业绩、保密需要等）而放弃申请

（　　）有关职能部门认识不统一、协调不畅

（　　）其他（请具体指出）：＿＿＿＿＿＿＿＿＿＿＿＿＿

29. 您认为该政策对提升企业创新能力的帮助程度是（1 分表示非常没有帮助，2 分表示没有帮助，3 分表示一般，4 分表示比较有帮助，5 分表示非常有帮助）。

□1　　□2　　□3　　□4　　□5

30. 您认为如何改进和优化生命科学和生物技术产业方面的奖励政策？

＿＿＿＿＿＿＿＿＿＿＿＿＿＿＿＿＿＿＿

31. 贵企业是否了解《新乡高新区创新技能人才奖评选办法（试行）》？

□是　　　□否

32. 贵企业相关人员是否依据该政策申请评选？

□是　　　□否，原因为：

（　　）不符合政策条件

（　　）综合考虑政策申请成本及政策带来的实际优惠，认为"不划算"而未申请

（　　）出于企业经营策略考虑（如经营业绩、保密需要等）而放弃申请

（　　）有关职能部门认识不统一、协调不畅

（　　）其他（请具体指出）：＿＿＿＿＿＿＿＿＿＿＿＿

33. 贵企业相关人员是否获得过"高新区创新技能人才奖"？

□是　　　□否

34. 您认为该政策对激发人才创造活力的影响程度是（1 分表示非常没有帮助，2 分表示没有帮助，3 分表示一般，4 分表示比较有帮助，5 分表示非常有帮助）。

□1　　□2　　□3　　□4　　□5

35. 贵企业内部是否有专门性的科技政策执行的职能部门？

□是　　　□否

36. 贵企业内部是否组织过科技创新政策的学习？

□是　　　□否

37. 贵企业是否和同行交流学习科技创新政策？

□是　　　□否

38. 贵企业对科技创新政策的获取渠道有？

□主管部门举办政策宣讲会

□发放政策宣传单

□固定政策咨询点

□门户网站

□微信公众号等社交平台

附录3 高等院校落实科技创新
政策情况调查问卷

尊敬的老师您好！感谢您在百忙之中抽出时间填写调查问卷，本问卷旨在研究科技创新政策在高校的落实情况，调研所获得的信息与数据只用于学术研究，致力于改善科研环境。请根据贵校的实际情况填写本人的真实意见，我们承诺将对所有信息严格保密，请您放心作答。

感谢您的配合与支持，祝您工作顺利、身体健康！

一、基本信息

1. 您的性别是［单选题］*
○男　　　　○女

2. 您的年龄是：［单选题］*
○25～30岁
○30～35岁
○35～40岁
○40～45岁
○45岁以上

3. 您目前的专业技术职称是：［单选题］*
○无职称
○初级
○中级
○副高级

○正高级

4. 贵校的办学类型为［单选题］*

○教学研究型

○研究型

○教学型

5. 您对近年来贵校科技创新环境的总体评价：［矩阵单选题］*

	很不满意	不满意	一般	满意	很满意
硬件环境（校内基础设施条件）	○	○	○	○	○
政策环境（校内科技创新政策）	○	○	○	○	○
文化环境（校内科技创新氛围）	○	○	○	○	○

二、科技创新政策参与度和整体知晓度

1. 您对河南省科技厅、河南省教育厅印发《关于破除科技评价中"唯论文"不良导向的实施方案（试行）》的通知了解程度如何？［单选题］*

○非常了解

○比较了解

○一般

○不太了解

○完全不了解（请跳至第 3 题）

2. 您是通过哪些渠道了解上述政策的？ *［多选题］*

□学校政策宣讲会

□网络了解

□同行交流

□上级传达

□其他

3. 您对河南省科技厅、河南省委宣传部等制定《河南省科研诚信案件调查处理办法（试行)》了解程度如何？［单选题］*

○非常了解

○比较了解

○一般

○不太了解

○完全不了解（请跳至第5题）

4. 您是通过哪些渠道了解上述政策的？*［多选题］*

□学校政策宣讲会

□网络了解

□同行交流

□上级传达

□其他

5. 您对河南省人力资源和社会保障厅关于印发《河南省高层次和急需紧缺人才职称"评聘绿色通道"实施细则》的通知了解程度如何？［单选题］*

○非常了解

○比较了解

○一般

○不太了解

○完全不了解（请跳至第7题）

6. 您是通过哪些渠道了解上述政策的？*［多选题］*

□学校政策宣讲会

□网络了解

□同行交流

□上级传达

□其他

7. 您对河南省科技厅、河南省财政厅、河南省教育厅、河南省卫生健康委员会关于印发《持续开展减轻科研人员负担激发创新活力专项行动方

案的通知》了解程度如何？［单选题］*

○非常了解

○比较了解

○一般

○不太了解

○完全不了解（请跳至第9题）

8. 您是通过哪些渠道了解上述政策的？ *［多选题］*

□学校政策宣讲会

□网络了解

□同行交流

□上级传达

□其他

9. 您对河南省科技厅、河南省教育厅、河南省发展和改革委员会、河南省财政厅、河南省人社厅印发《关于扩大高校和科研院所科研相关自主权的实施意见》的通知了解程度如何？［单选题］*

○非常了解

○比较了解

○一般

○不太了解

○完全不了解（请跳至第11题）

10. 您是通过哪些渠道了解上述政策的？ *［多选题］*

□学校政策宣讲会

□网络了解

□同行交流

□上级传达

□其他

11. 您对国务院办公厅《关于完善科技成果评价机制的指导意见》的了解程度如何？［单选题］*

○非常了解

○比较了解

○一般

○不太了解

○完全不了解（请跳至第13题）

12. 您是通过哪些渠道了解上述政策的？＊［多选题］＊

□学校政策宣讲会

□网络了解

□同行交流

□上级传达

□其他

13. 您对科技部等九部门印发《赋予科研人员职务科技成果所有权或长期使用权试点实施方案》的通知了解程度如何？［单选题］＊

○非常了解

○比较了解

○一般

○不太了解

○完全不了解（请跳至第15题）

14. 您是通过哪些渠道了解上述政策的？＊［多选题］＊

□学校政策宣讲会

□网络了解

□同行交流

□上级传达

□其他

15. 您对河南省人民政府办公厅《关于印发河南省支持科技创新发展若干财政政策措施的通知》了解程度如何？［单选题］＊

○非常了解

○比较了解

○一般

○不太了解

○完全不了解（请跳至第 17 题）

16. 您是通过哪些渠道了解上述政策的？ ＊［多选题］＊

□学校政策宣讲会

□网络了解

□同行交流

□上级传达

□其他

17. 您对科技部、教育部印发《关于进一步推进高等学校专业化技术转移机构建设发展的实施意见》的通知了解程度如何？［单选题］＊

○非常了解

○比较了解

○一般

○不太了解

○完全不了解（请跳至第 19 题）

18. 您是通过哪些渠道了解上述政策的？ ＊［多选题］＊

□学校政策宣讲会

□网络了解

□同行交流

□上级传达

□其他

19. 您对河南省科技厅关于印发《中原学者工作站管理办法（试行）》了解程度如何？［单选题］＊

○非常了解

○比较了解

○一般

○不太了解

○完全不了解（请跳至第 21 题）

20. 您是通过哪些渠道了解上述政策的？ ＊［多选题］＊

□学校政策宣讲会

□网络了解

□同行交流

□上级传达

□其他

21. 您对河南省委组织部、河南省科技厅、河南省财政厅、河南省人社厅、河南省乡村振兴局关于印发《河南省科技特派员助力乡村振兴五年行动计划（2021—2025年)》的通知了解程度如何？［单选题］*

○非常了解

○比较了解

○一般

○不太了解

○完全不了解（请跳至第23题）

22. 您是通过哪些渠道了解上述政策的？ *［多选题］*

□学校政策宣讲会

□网络了解

□同行交流

□上级传达

□其他

23. 您对河南省科技厅关于印发《河南省技术创新中心建设方案（暂行)》《河南省技术创新中心管理办法（暂行)》的通知了解程度如何？［单选题］*

○非常了解

○比较了解

○一般

○不太了解

○完全不了解（请跳至第25题）

24. 您是通过哪些渠道了解上述政策的？ *［多选题］*

□学校政策宣讲会

□网络了解

□同行交流

□上级传达

□其他

25. 您对科技部等十三部门印发《关于支持女性科技人才在科技创新中发挥更大作用的若干措施》的通知了解程度如何？［单选题］*

○非常了解

○比较了解

○一般

○不太了解

○完全不了解（请跳至第 27 题）

26. 您是通过哪些渠道了解上述政策的？*［多选题］*

□学校政策宣讲会

□网络了解

□同行交流

□上级传达

□其他

27. 您对科技部、中国农业银行印发《关于加强现代农业科技金融服务创新支撑乡村振兴战略实施的意见》的通知了解程度如何？［单选题］*

○非常了解

○比较了解

○一般

○不太了解

○完全不了解（请跳至第 29 题）

28. 您是通过哪些渠道了解上述政策的？*［多选题］*

□学校政策宣讲会

□网络了解

□同行交流

□上级传达

□其他

29. 您对科技部、财政部印发《国家技术创新中心建设运行管理办法（暂行）》的通知了解程度如何？［单选题］*

　　○非常了解

　　○比较了解

　　○一般

　　○不太了解

　　○完全不了解（请跳至第31题）

30. 您是通过哪些渠道了解上述政策的？ *［多选题］*

　　□学校政策宣讲会

　　□网络了解

　　□同行交流

　　□上级传达

　　□其他

31. 您对科技部办公厅《关于加快推动国家科技成果转移转化示范区建设发展的通知》了解程度如何？［单选题］*

　　○非常了解

　　○比较了解

　　○一般

　　○不太了解

　　○完全不了解（请跳至第34题）

32. 您是通过哪些渠道了解上述政策的？ *［多选题］*

　　□学校政策宣讲会

　　□网络了解

　　□同行交流

　　□上级传达

　　□其他

33. 您对科技部、发展改革委、教育部、中国科学院、自然科学基金委关于印发《加强"从0到1"基础研究工作方案》的通知了解程度如何？［单选题］*

○非常了解

○比较了解

○一般

○不太了解

○完全不了解

34. 您是通过哪些渠道了解上述政策的？ *［多选题］*

□学校政策宣讲会

□网络了解

□同行交流

□上级传达

□其他

三、重点政策的落实情况

1. 下列关于减轻科研人员负担的政策措施，您是否知晓？［矩阵单选题］*

	是	否
进一步加强科技计划项目有关数据与科技统计工作的统筹，减少填报工作量。强化项目管理信息开放共享，实现一表多用	○	○
强化项目负责人主体责任，减少报销审批程序。试点项目经费使用"包干制"，不设科目比例限制，由科研团队自主决定使用	○	○
建立统一的年度监督检查计划，针对关键节点实行"里程碑"式管理，明确不同实施周期、支持资金项目检查的方式，减少科研项目实施周期内的各类评估、检查、抽查、审计等活动	○	○
规范论文评价指标，深入推动落实破除"SCI至上""唯论文"等硬措施，树好科技评价导向	○	○

2. 下列减轻科研人员负担的政策措施，您是否享受？［矩阵单选题］＊

	是	否
进一步加强科技计划项目有关数据与科技统计工作的统筹，减少填报工作量。强化项目管理信息开放共享，实现一表多用	○	○
强化项目负责人主体责任，减少报销审批程序。试点项目经费使用"包干制"，不设科目比例限制，由科研团队自主决定使用	○	○
建立统一的年度监督检查计划，针对关键节点实行"里程碑"式管理，明确不同实施周期、支持资金项目检查的方式，减少科研项目实施周期内的各类评估、检查、抽查、审计等活动	○	○
规范论文评价指标，深入推动落实破除"SCI至上""唯论文"等硬措施，树好科技评价导向	○	○

3. 您对减轻科研人员负担的政策措施的满意程度如何？［矩阵量表题］＊

	1 很不满意	2 不满意	3 一般	4 满意	5 非常满意
进一步加强科技计划项目有关数据与科技统计工作的统筹，减少填报工作量。强化项目管理信息开放共享，实现一表多用	○	○	○	○	○
强化项目负责人主体责任，减少报销审批程序。试点项目经费使用"包干制"，不设科目比例限制，由科研团队自主决定使用	○	○	○	○	○
建立统一的年度监督检查计划，针对关键节点实行"里程碑"式管理，明确不同实施周期、支持资金项目检查的方式，减少科研项目实施周期内的各类评估、检查、抽查、审计等活动	○	○	○	○	○
规范论文评价指标，深入推动落实破除"SCI至上""唯论文"等硬措施，树好科技评价导向	○	○	○	○	○

4. 下列人才评价与职称制度改革政策措施，您是否知晓？［矩阵单选题］*

	是	否
高校、高校主管部门及其下属事业单位要按照正确的导向引领学术文化建设，不发布论文相关指标的排行，不采信、引用和宣传其他机构以论文为核心指标编制的排行榜，不把论文相关指标作为科研人员、学科和大学评价的标签	○	○
对于职称（职务）评聘，应建立与岗位特点、学科特色、研究性质相适应的评价指标，细化论文在不同岗位评聘中的作用，重点考察实际水平、发展潜力和岗位匹配度，不以论文相关指标作为判断的直接依据。在人员聘用中，学校不把论文相关指标作为前置条件	○	○
高层次和急需紧缺人才职称评聘实施"绿色通道"，不受1年开展1次职称评审的限制，不定期开展职称评审工作	○	○
高层次和急需紧缺人才可不受学历、资历、年限和事业单位专业技术岗位结构比例限制，破格申报评审高级职称。对申报人员学历、资历、职称层级等方面不做硬性规定，以品德、能力、业绩和贡献为重点，实行代表性成果评价，突出业绩成果的"高精尖"和创新能力，突出做出重大贡献和社会、业内的广泛认可	○	○
河南省博士后在站期间，不受在站事业单位岗位结构比例限制初定中级职称和申报评审副高级职称；业绩特别突出的或具有副高级职称的，可破格申报评审正高级职称。出站博士后到河南省企事业单位从事专业技术工作业绩特别突出的，可直接申报评审（考核认定）高级职称	○	○

5. 下列人才评价与职称制度改革政策措施，您是否享受？［矩阵单选题］*

	是	否
高校、高校主管部门及其下属事业单位要按照正确的导向引领学术文化建设，不发布论文相关指标的排行，不采信、引用和宣传其他机构以论文为核心指标编制的排行榜，不把论文相关指标作为科研人员、学科和大学评价的标签	○	○
对于职称（职务）评聘，应建立与岗位特点、学科特色、研究性质相适应的评价指标，细化论文在不同岗位评聘中的作用，重点考察实际水平、发展潜力和岗位匹配度，不以论文相关指标作为判断的直接依据。在人员聘用中，学校不把论文相关指标作为前置条件	○	○

续表

	是	否
高层次和急需紧缺人才职称评聘实施"绿色通道",不受 1 年开展 1 次职称评审的限制,不定期开展职称评审工作	○	○
高层次和急需紧缺人才可不受学历、资历、年限和事业单位专业技术岗位结构比例限制,破格申报评审高级职称	○	○
对申报人员学历、资历、职称层级等方面不做硬性规定,以品德、能力、业绩和贡献为重点,实行代表性成果评价,突出业绩成果的"高精尖"和创新能力,突出做出重大贡献和社会、业内的广泛认可	○	○
河南省博士后在站期间,不受在站事业单位岗位结构比例限制初定中级职称和申报评审副高级职称;业绩特别突出的或具有副高级职称的,可破格申报评审正高级职称。出站博士后到河南省企事业单位从事专业技术工作业绩特别突出的,可直接申报评审(考核认定)高级职称	○	○

6. 您对人才评价与职称制度改革政策措施的满意程度如何?[矩阵量表题]*

	1 很不满意	2 不满意	3 一般	4 满意	5 非常满意
高校、高校主管部门及其下属事业单位要按照正确的导向引领学术文化建设,不发布论文相关指标的排行,不采信、引用和宣传其他机构以论文为核心指标编制的排行榜,不把论文相关指标作为科研人员、学科和大学评价的标签	○	○	○	○	○
对于职称(职务)评聘,应建立与岗位特点、学科特色、研究性质相适应的评价指标,细化论文在不同岗位评聘中的作用,重点考察实际水平、发展潜力和岗位匹配度,不以论文相关指标作为判断的直接依据。在人员聘用中,学校不把论文相关指标作为前置条件	○	○	○	○	○
高层次和急需紧缺人才职称评聘实施"绿色通道",不受 1 年开展 1 次职称评审的限制,不定期开展职称评审工作	○	○	○	○	○

续表

	1 很不满意	2 不满意	3 一般	4 满意	5 非常满意
高层次和急需紧缺人才可不受学历、资历、年限和事业单位专业技术岗位结构比例限制，破格申报评审高级职称	○	○	○	○	○
对申报人员学历、资历、职称层级等方面不做硬性规定，以品德、能力、业绩和贡献为重点，实行代表性成果评价，突出业绩成果的"高精尖"和创新能力，突出作出重大贡献和社会、业内的广泛认可	○	○	○	○	○
河南省博士后在站期间，不受在站事业单位岗位结构比例限制初定中级职称和申报评审副高级职称；业绩特别突出的或具有副高级职称的，可破格申报评审正高级职称。出站博士后到河南省企事业单位从事专业技术工作业绩特别突出的，可直接申报评审（考核认定）高级职称	○	○	○	○	○

7. 下列人才激励与奖励政策措施，您是否知晓？［矩阵单选题］*

	是	否
对河南省全职引进和新当选的院士等顶尖人才，每人给予 500 万元个人奖励补贴；对每年评选的中原学者，每人给予不低于 200 万元特殊支持；对中原科技创新、中原科技创业、中原科技产业领军人才，每人给予不超过 100 万元特殊支持；对中原学者科学家工作室，给予连续 6 年每年 200 万元稳定支持	○	○
对河南省获评国家重点人才计划创新领军人才人选、国家杰出青年科学基金获得者、"长江学者"特聘教授等国家级领军人才和国家重点人才计划青年项目入选者、国家优秀青年科学基金获得者、"长江学者"青年学者等青年拔尖人才，按照国家资助标准给予 1∶1 配套奖励补贴和科研经费支持	○	○
对全职引进和河南省新入选的 A 类人才，省政府给予 500 万元的奖励补贴，其中一次性奖励 300 万元，其余 200 万元分 5 年逐年拨付。对经认定的 A 类人才，在岗期间用人单位可给予不低于每月 3 万元的生活补贴；对经认定的 B 类人才，在岗期间用人单位可给予不低于每月 2 万元的生活补贴	○	○
对经认定的高层次人才根据实际贡献和学术水平，实行协议工资制、年薪制和项目工资等；省属科研院所、省级以上重点实验室和协同创新中心、河南省优势特色学科通过上述方式给予高层次人才的收入，不计入工资总额和绩效工资总量基数。用人单位可按照规定采取股权、期权、分红、净资产增值权、特别奖励等方式，对经认定的高层次人才予以激励	○	○
贵校是否制定关于高层次人才的激励与奖励政策文件	○	○

8. 下列人才激励与奖励政策措施，您是否享受？［矩阵单选题］*

	是	否
您是否享受贵校的高层次人才激励或科研方面的奖励	○	○
对河南省全职引进和新当选的院士等顶尖人才，每人给予500万元个人奖励补贴；对每年评选的中原学者，每人给予不低于200万元特殊支持；对中原科技创新、中原科技创业、中原科技产业领军人才，每人给予不超过100万元特殊支持；对中原学者科学家工作室，给予连续6年每年200万元稳定支持	○	○
对河南省获评国家重点人才计划创新领军人才人选、国家杰出青年科学基金获得者、"长江学者"特聘教授等国家级领军人才和国家重点人才计划青年项目入选者、国家优秀青年科学基金获得者、"长江学者"青年学者等青年拔尖人才，按照国家资助标准给予1：1配套奖励补贴和科研经费支持	○	○
对全职引进和河南省新入选的A类人才，省政府给予500万元的奖励补贴，其中一次性奖励300万元，其余200万元分5年逐年拨付。对经认定的A类人才，在岗期间用人单位可给予不低于每月3万元的生活补贴；对经认定的B类人才，在岗期间用人单位可给予不低于每月2万元的生活补贴	○	○
对经认定的高层次人才根据实际贡献和学术水平，实行协议工资制、年薪制和项目工资等；省属科研院所、省级以上重点实验室和协同创新中心、河南省优势特色学科通过上述方式给予高层次人才的收入，不计入工资总额和绩效工资总量基数。用人单位可按照规定采取股权、期权、分红、净资产增值权、特别奖励等方式，对经认定的高层次人才予以激励	○	○

9. 您对人才激励与奖励政策措施的满意程度如何？［矩阵量表题］*

	1 很不满意	2 不满意	3 一般	4 满意	5 非常满意
您对贵校的高层次人才激励或科研方面的奖励政策文件	○	○	○	○	○
对河南省全职引进和新当选的院士等顶尖人才，每人给予500万元个人奖励补贴；对每年评选的中原学者，每人给予不低于200万元特殊支持；对中原科技创新、中原科技创业、中原科技产业领军人才，每人给予不超过100万元特殊支持；对中原学者科学家工作室，给予连续6年每年200万元稳定支持	○	○	○	○	○

	1 很不满意	2 不满意	3 一般	4 满意	5 非常满意
对河南省获评国家重点人才计划创新领军人才人选、国家杰出青年科学基金获得者、"长江学者"特聘教授等国家级领军人才和国家重点人才计划青年项目入选者、国家优秀青年科学基金获得者、"长江学者"青年学者等青年拔尖人才，按照国家资助标准给予1∶1配套奖励补贴和科研经费支持	○	○	○	○	○
对全职引进和河南省新入选的 A 类人才，省政府给予 500 万元的奖励补贴，其中一次性奖励 300 万元，其余 200 万元分 5 年逐年拨付。对经认定的 A 类人才，在岗期间用人单位可给予不低于每月 3 万元的生活补贴；对经认定的 B 类人才，在岗期间用人单位可给予不低于每月 2 万元的生活补贴	○	○	○	○	○
高层次和急需紧缺人才可不受学历、资历、年限和事业单位专业技术岗位结构比例限制，破格申报评审高级职称	○	○	○	○	○

10. 下列科技成果转化政策措施，您是否知悉？［矩阵单选题］*

	是	否
赋予科研人员职务科技成果所有权，由试点单位与成果完成人（团队）成为共同所有权人	○	○
赋予科研人员不低于 10 年的职务科技成果使用权	○	○
赋予试点单位管理科技成果自主权，试点单位将其持有的科技成果转让、许可或者作价投资，可以自主决定是否进行资产评估	○	○
建立健全尽职免责机制，在试点单位负责人履行勤勉尽职义务、严格执行管理制度等前提下，可以免除追究其相关决策失误责任	○	○
建立健全职务科技成果赋权管理和服务制度，从健全赋权决策机制、完善配套管理办法、规范操作流程、加强全过程管理等方面加强管理制度建设	○	○

11. 您的科研成果在近三年中有没有转化为产品或应用于生产的？［单选题］*

○是　　○否

12. 下列科技成果转化政策措施，您是否享受？［矩阵单选题］*

	是	否
赋予科研人员职务科技成果所有权，由试点单位与成果完成人（团队）成为共同所有权人	○	○
赋予科研人员不低于 10 年的职务科技成果使用权	○	○
赋予试点单位管理科技成果自主权，试点单位将其持有的科技成果转让、许可或者作价投资，可以自主决定是否进行资产评估	○	○
建立健全尽职免责机制，在试点单位负责人履行勤勉尽职义务、严格执行管理制度等前提下，可以免除追究其相关决策失误责任	○	○
建立健全职务科技成果赋权管理和服务制度，从健全赋权决策机制、完善配套管理办法、规范操作流程、加强全过程管理等方面加强管理制度建设	○	○

13. 您对科技成果转化政策措施的满意程度如何？［矩阵量表题］*

	1 很不满意	2 不满意	3 一般	4 满意	5 非常满意
赋予科研人员职务科技成果所有权，由试点单位与成果完成人（团队）成为共同所有权人	○	○	○	○	○
赋予科研人员不低于 10 年的职务科技成果使用权	○	○	○	○	○
赋予试点单位管理科技成果自主权，试点单位将其持有的科技成果转让、许可或者作价投资，可以自主决定是否进行资产评估	○	○	○	○	○
建立健全尽职免责机制，在试点单位负责人履行勤勉尽职义务、严格执行管理制度等前提下，可以免除追究其相关决策失误责任	○	○	○	○	○
建立健全职务科技成果赋权管理和服务制度，从健全赋权决策机制、完善配套管理办法、规范操作流程、加强全过程管理等方面加强管理制度建设	○	○	○	○	○

14. 如有科研成果转化为产品或应用于生产，您本人从中获得哪些收益：＊［多选题］＊

□没有收益

□技术入股

□期权

□出售专利或技术

□奖金

□其他（请注明）：＿＿＿＿＿＿＿＿＿＿＿

15. 您与企业合作研发的科学成果产权一般归谁所有？［单选题］＊

○自己拥有

○企业拥有

○学校拥有

○与企业共同拥有

16. 在您主持或参与的这些项目中，有产学研（企业、大学和科研机构）共同合作的项目吗？如果有，合作对象都有哪些？＊［多选题］＊

□没有

□大学

□科研院所

□国有企业

□集体企业

□民营企业

□外资企业

□其他机构：＿＿＿＿＿＿＿＿＿＿＿

17. 目前贵校科技成果转化的主要渠道有？＊［多选题］＊

□学校技术转移中心

□大学科技园

□企业重点实验室

□通过学校的创办企业

□高新技术创业服务中心等科技中介

□通过固定的产学研合作伙伴

□通过产业联盟或技术创新

□其他：＿＿＿＿＿＿＿＿＿＿＿

18. 您认为高校中出现科技人员转化科技成果积极性不高现象的主要原因是？ ＊[多选题]＊

□学校无激励政策或激励政策不完善

□其科技成果本身转化的成功率不高

□科技人员担心科技成果流失

□企业不配合

□缺乏科技成果后续开发的资金

□企业与学校对于科技成果及知识产权价值认定不能达成一致意见

□其他：＿＿＿＿＿＿＿＿＿＿＿

19. 您认为影响贵校专利等科技成果实施、转化的主要内部因素是？＊[多选题]＊

□科技人员的观念不新，积极性不高

□学校缺乏懂经营且能够开拓市场的人才

□缺少成果转化所需的经费

□产权不合理，利益分配不合理

□科研人员考核激励机制不完善

□科技成果评价不可靠

□鼓励科技成果转化的制度不完善

□成果技术成熟度不够

□科研教师的精力有限

□其他：＿＿＿＿＿＿＿＿＿＿＿

20. 您认为影响贵校专利等科技成果实施、转化的主要外部因素是？＊[多选题]＊

□知识产权价值评估缺乏一套统一的标准

□市场对技术接受程度低

□技术市场不健全

□中试基地缺乏

□中介机构服务力不够

□融资存在困难

□其他：＿＿＿＿＿＿＿＿＿＿＿

21. 您觉得加快高校科技成果转化主要从哪些方面着手？ ＊［多选题］＊

□明确知识产权归属

□建立完善的激励机制，提高高校科技成果转化工作者的地位和报酬

□进一步培养懂经营且能够开拓市场的人才

□加强科技人员的成果专利保护意识和宣传意识

□鼓励科技人员和师生创办民营科技企业

□建立高校科技成果转化的多渠道投资体系

□在科研立项时，做好充足的市场调研

□建立完善的促进高校科技成果转化的中介组织

□建立科技成果转化风险基金

□其他：＿＿＿＿＿＿＿＿＿＿＿

22. 您认为政府在科技成果转化方面应提供哪些支持？ ＊［多选题］＊

□改善绩效考核和成果评价标准、方式

□加大科技奖励向成果转化倾斜力度

□完善技术转化的综合服务平台

□拓宽融资渠道

□成立成果转化专项资金

□制定合理的利益驱动机制

□采取税收优惠政策

□帮助引进人才

□其他：＿＿＿＿＿＿＿＿＿＿＿

23. 您认为现有的科技创新政策对科研人员起到了哪些作用？（请根据您的感受选择）［矩阵量表题］*

	1 非常不明显	2 不明显	3 一般	4 明显	5 非常明显
有利于晋升职称	○	○	○	○	○
有利于晋升职务	○	○	○	○	○
提高科研产出数量	○	○	○	○	○
有利于获取项目资源	○	○	○	○	○
有利于提高学术地位	○	○	○	○	○

24. 您认为现有的科技创新政策对社会产生了哪些影响？（请根据您的感受选择）［矩阵量表题］*

	1 非常不明显	2 不明显	3 一般	4 明显	5 非常明显
调动科技人员的积极性	○	○	○	○	○
增强科技人员的责任感	○	○	○	○	○
提高科研产出数量	○	○	○	○	○
提高科研产出质量	○	○	○	○	○
形成良好的示范效应	○	○	○	○	○

25. 单位内部以下管理制度对您个人成长发展起到积极作用。（请根据您的感受选择）［矩阵量表题］*

	1 非常不同意	2 不同意	3 一般	4 同意	5 非常同意
选拔聘用制度	○	○	○	○	○
职称评审制度	○	○	○	○	○
职务晋升制度	○	○	○	○	○

	1 非常不同意	2 不同意	3 一般	4 同意	5 非常同意
工资/薪酬制度	○	○	○	○	○
进修培训制度	○	○	○	○	○
工作自主性	○	○	○	○	○

26. 您申报和承担的研究或开发项目中，是否遇到/出现过以下问题？[矩阵单选题] *

	是	否
基础研究不受重视	○	○
招标信息不公开	○	○
申报手续复杂	○	○
申报周期过长	○	○
审批程序不透明	○	○
资金到位不及时	○	○
项目限定的人员费比例太低	○	○
成果不具有转化或应用价值	○	○

四、科研工作情况调查

1. 在各种形式的科研成果中，您本人最看重的是哪一种？[单选题] *
○论文
○著作
○专利
○新技术/新产品
○研究报告
○其他：＿＿＿＿＿＿＿＿＿＿

2. 在工作条件和设施方面您是否遇到以下困难与问题：＊［多选题］＊

□业务活动经费不足

□缺乏仪器设备

□仪器设备老旧过时

□缺乏实验材料

□办公场所紧张

□文献资料获取难

□不能上网

□安全防护设施不足

□以上都没有

3. 当前，您在工作中主要的困扰有哪些：＊［多选题］＊

□（1）跟不上知识更新进度

□（2）没有合作团队

□（3）缺乏业务/学术交流

□（4）业务/科研活动时间不足

□（5）工作不受重视

□（6）职称/职务晋升难

□（7）教学压力大

□（8）创收压力大

□（9）发表论文压力大

□（10）人际关系不和谐

□（11）业务活动缺乏创新

□（12）加班太多

□（13）出差太多

□（14）长期野外工作

□（15）其他（请注明）：＿＿＿＿＿＿＿＿＿＿＿

4. 以上最大的困扰是＿＿＿＿＿（请填写序号）［填空题］＊

＿＿＿＿＿＿＿＿＿＿＿＿＿＿＿＿＿＿

5. 您对自己目前这份工作在以下方面的满意程度如何？［矩阵量表题］*

	1 非常不满意	2 不满意	3 一般	4 满意	5 非常满意
收入	○	○	○	○	○
社会声望	○	○	○	○	○
工作设施条件	○	○	○	○	○
职称/职务晋升	○	○	○	○	○
工作稳定性	○	○	○	○	○
工作自主性	○	○	○	○	○
发挥专业特长	○	○	○	○	○
自我成就感	○	○	○	○	○
个人发展空间	○	○	○	○	○
单位学术氛围	○	○	○	○	○
单位社会保障	○	○	○	○	○
单位人际关系	○	○	○	○	○
单位领导管理水平	○	○	○	○	○
单位组织进修培训	○	○	○	○	○

6. 总体而言，您对目前的这份工作满意吗？［单选题］*

○非常满意

○比较满意

○一般

○不太满意

○非常不满意

7. 您对科技创新政策落实有何建议？［填空题］*

_____

参 考 文 献

［1］［美］埃弗雷特·罗杰斯．创新的扩散［M］．辛欣，译．北京：中央编译出版社，2002．

［2］白兰馨，徐锋．科技政策跟踪审计理论与实践［J］．合作经济与科技，2022（15）：140-142．

［3］［美］保罗·A.萨巴蒂尔（PaulA.Sabatier）．政策过程理论［M］．北京：三联书店，2004．

［4］鲍伟慧．政策扩散理论国外研究述评：态势、关注与展望［J］．内蒙古大学学报（哲学社会科学版），2021，53（4）：82-89．

［5］曹堂哲．中国加入WTO后政府公共政策的适应性问题［J］．江海学刊，2002（4）：111-116．

［6］陈芳．政策扩散理论的演化［J］．中国行政管理，2014（6）：99-104．

［7］陈静，黄萃，苏竣．政策执行网络研究：一个文献综述［J］．公共管理评论，2020，2（2）：105-126．

［8］陈振明．政策科学［M］．北京：中国人民大学出版社，2003．

［9］程华，钱芬芬．政策力度、政策稳定性、政策工具与创新绩效——基于2000—2009年产业面板数据的实证分析［J］．科研管理，2013，34（10）：103-108．

［10］杜根旺，汪涛．中国创新政策的演进——基于扎根理论［J］．技术经济，2015，34（7）：1-4．

［11］杜跃平，马晶晶．科技创新创业金融政策满意度研究［J］．科技进步与对策，2016，33（9）：96-102．

［12］杜运周，贾良定. 组态视角与定性比较分析（QCA）：管理学研究的一条新道路［J］. 管理世界，2017（6）：155－167.

［13］樊春良. 科技政策科学的思想与实践［J］. 科学学研究，2014：11.

［14］樊春良. 科技政策学的知识构成和体系［J］. 科学学研究，2017，35（2）：161－169.

［15］樊春良，马小亮. 美国科技政策科学的发展及其对中国的启示［J］. 中国软科学，2013（10）：168－181.

［16］范柏乃，段忠贤，江蕾. 创新政策研究述评与展望［J］. 软科学，2012，26（11）：43－47.

［17］范柏乃，段忠贤，江蕾. 中国自主创新政策的效应及其时空差异——基于省际面板数据的实证检验［J］. 经济地理，2013，33（8）：31－36.

［18］方新，柳卸林. 我国科技体制改革的回顾及展望［J］. 求是，2004（5）：43－45.

［19］方新. 论科技政策与科技指标［J］. 科技管理研究，2001（1）：6－9.

［20］盖豪，颜廷武，周晓时. 政策宣传何以长效？——基于湖北省农户秸秆持续还田行为分析［J］. 中国农村观察，2021（6）：65－84.

［21］高峰，郭海轩. 科技创新政策滞后概念模型研究［J］. 科技进步与对策，2014，31（10）：101－105.

［22］高名姿，张雷，陈东平. 政策认知、农地特征与土地确权工作农民满意度［J］. 现代经济探讨，2017（10）：104－110.

［23］高伟，高建，李纪珍. 创业政策对城市创业的影响路径——基于模糊集定性比较分析［J］. 技术经济，2018，37（4）：68－75.

［24］龚勤林，刘慈音. 基于三维分析框架视角的区域创新政策体系评价——以成都市"1＋10"创新政策体系为例［J］. 软科学，2015，29（9）：14－18.

［25］郭元源，葛江宁，程聪，等. 基于清晰集定性比较分析方法的科技创新政策组合供给模式研究［J］. 软科学，2019，33（1）：45－49.

[26] 韩凤芹, 史卫. 破解科技创新政策"落地难"[J]. 中国财政, 2019 (5): 50 - 52.

[27] 郝可意. 天津市科技创新发展现状及发展建议 [J]. 天津经济, 2022 (2): 32 - 37.

[28] 何树贵. 熊彼特的企业家理论及其现实意 [J]. 经济问题探索, 2003 (2): 31 - 34.

[29] 胡翔, 李锡元, 李泓锦. 回流人才政策认知与工作满意度关系研究 [J]. 科技进步与对策, 2014, 31 (24): 151 - 156.

[30] 黄璜. 政策科学再思考: 学科使命、政策过程与分析方法 [J]. 中国行政管理, 2015 (1): 111 - 118.

[31] 金培振, 殷德生, 金桩. 城市异质性、制度供给与创新质量 [J]. 世界经济, 2019, 42 (11): 99 - 123.

[32] [英] 卡尔·波普尔 (Karl Popper). 客观的知识 [M]. 北京: 中国美术学院出版社, 2003.

[33] 康捷, 袁永, 胡海鹏. 基于全过程的科技创新政策评价框架体系研究 [J]. 科技管理研究, 2019, 39 (2): 25 - 30.

[34] 寇明婷, 陈凯华, 穆荣平. 科技金融若干重要问题研究评析 [J]. 科学学研究, 2018, 36 (12): 2170 - 2178, 2232.

[35] 李晨光. 企业响应科技专项政策的资源利用机制探析 [J]. 科技进步与对策, 2016, 33 (10): 89 - 95.

[36] 李晨光, 孙萌. 科技企业创新政策响应策略探究 [J]. 全国流通经济, 2019 (6): 30 - 32.

[37] 李晨光, 张永安, 王燕妮. 政策感知与决策偏好对创新政策响应行为的影响 [J]. 科学学与科学技术管理, 2018, 39 (5): 3 - 15.

[38] 李聪, 王承武, 郑文博. 农村宅基地退出政策何以实施?——基于政策执行过程理论 [J]. 社会政策研究, 2022, 29 (4): 87 - 101.

[39] 李光, 王才玮. 新冠疫情对武汉科技创新发展的影响及对策建议 [J]. 长江论坛, 2021 (2): 20 - 27, 2.

[40] 李洁. 我国公共科技政策制定及其评估体系的建立研究 [D].

秦皇岛：燕山大学，2008.

[41] 李宁，王阳. 基于文本分析的上海科技创新政策研究 [J]. 科技创业月刊，2022，35（2）：55－58.

[42] 李宁，吴媛，潘泓晶. 美国科技政策学研究计划在研项目分析及启示 [J]. 科技中国，2019（7）：46－50.

[43] 李宁，杨耀武. 美国科技政策学研究计划进展分析与启示 [J]. 科技进步与对策，2017（4）：122－123.

[44] 李文钊. 拉斯韦尔的政策科学：设想、争论及对中国的启示 [J]. 中国行政管理，2017（3）：137－144.

[45] 李文钊. 政策过程的决策途径：理论基础、演进过程与未来展望 [J]. 甘肃行政学院学报，2017（6）：46－67，126－127.

[46] 李欣洁. 企业家精神、政策认知与企业绩效关系 [D]. 衡阳：南华大学，2021.

[47] 李湛，张良，罗鄂湘. 科技创新政策、创新能力与企业创新 [J]. 科研管理，2019，40（10）：14－24.

[48] 连燕华. 关于技术创新政策体系的思考 [J]. 科学学与科学技术管理，1999（4）：12－14.

[49] 梁瑶佳. 我国科技创新政策梳及展望 [J]. 当代经济，2018（22）：100－101.

[50] 梁正. 从科技政策到科技与创新政策——创新驱动发展战略下的政策范式转型与思考 [J]. 科学学研究，2017，35（2）：170－176.

[51] 林雪霏. 政府间组织学习与政策再生产：政策扩散的微观机制——以"城市网格化管理"政策为例 [J]. 公共管理学报，2015，12（1）：11－23，153－154.

[52] 刘凤朝，孙玉涛. 我国科技政策向创新政策演变的过程、趋势与建议——基于我国289项创新政策的实证分析 [J]. 中国软科学，2007（5）：34－42.

[53] 刘立. 发展科技政策学 推进科技体制改革的科学化和民主化 [J]. 科学与管理，2012（5）：4－11.

[54] 刘立.科技政策学研究 [M].北京：北京大学出版社，2011.

[55] 刘伟忠，张宇.与异质性行动者共生演进：基于行动者网络理论的政策执行研究新路径 [J].贵州社会科学，2022，392（8）：128 –135.

[56] 刘文婷，江颖，刘炯志.流域生态补偿政策认知度的群体差异分析 [J].农村经济与科技，2021，32（16）：14 –16.

[57] 刘兴成.典型化：中国政策创新扩散的逻辑与机制 [J].学习与实践，2022（6）：35 –43.

[58] 刘杨.农村产业扶贫的实践机制与优化路径——政策生态的视角 [J].人文杂志，2020（10）：109 –117.

[59] 刘云，黄雨歆，叶选挺.基于政策工具视角的中国国家创新体系国际化政策量化分析 [J].科研管理，2017，38（S1）：470 –478.

[60] 柳卸林，高雨辰，丁雪辰.寻找创新驱动发展的新理论思维——基于新熊彼特增长理论的思考 [J].管理世界，2017（12）：8 –19.

[61] 柳卸林.技术创新经济学 [M].北京：中国经济出版社，1993.

[62] 柳卸林.新时期我国促进自主创新的政策解读——以财政政策为例 [J].山西大学学报（哲学社会科学版），2007（3）：177 –182，226.

[63] 卢阳旭，赵延东，李睿婕.科技政策研究中的社会调查方法：定位、功能与应用 [J].中国科技论坛，2018（8）：8 –15.

[64] 鲁仁轩.打通政策落实"最后一公里" [N].中国组织人事报，2021 –12 –08（004）.

[65] 吕芳.公共服务政策制定过程中的主体间互动机制——以公共文化服务政策为例 [J].政治学研究，2019（3）：108 –120，128.

[66] 吕佳龄，张书军.创新政策演化：框架、转型和中国的政策议程 [J].中国软科学，2019（2）：23 –35.

[67] [美] 罗杰斯.创新的扩散（第5版）[M].唐兴通，郑常青，张延臣，译.北京：电子工业出版社，2016.

[68] 罗娟.上海建设科技创新中心的创新创业人才政策落实跟踪研究 [J].科学发展，2017（3）：11 –18.

[69] 罗伟.科技政策研究初探 [M].北京：知识产权出版社，2007.

［70］马琳．山东省 C 县科技创新政策执行偏差及矫正对策［D］．济南：山东师范大学，2020．

［71］马晓蕾，吕一博，王淑娟，等．管理案例知识生态系统的构建研究——以中国管理案例共享中心为例［J］．管理案例研究与评论，2019，12（4）：383 - 400．

［72］迈克尔·浩特，罗密西，鄞益奋．政策子系统框架和政策改变：政策过程的后实证分析［J］．国家行政学院学报，2005（1）：91 - 94．

［73］毛汉英．京津冀协同发展的机制创新与区域政策研究［J］．地理科学进展，2017，36（1）：2 - 14．

［74］梅姝娥，仲伟俊．科技创新政策体系及其协调性［J］．科技管理研究，2016，36（15）：32 - 37，50．

［75］孟溦，张群．公共政策变迁的间断均衡与范式转换——基于1978—2018 年上海科技创新政策的实证研究［J］．公共管理学报，2020，17（3）：1 - 11，164．

［76］［英］米切尔·黑尧（MichaelHill）．现代国家的政策过程［M］．北京：中国青年出版社，2004．

［77］穆荣平，樊永刚，文皓．中国创新发展：迈向世界科技强国之路［J］．中国科学院院刊，2017，32（5）：512 - 520．

［78］潘鑫，王元地，金珺．基于区域专利视角的科技政策作用分析［J］．科学学与科学技术管理，2013，34（12）：13 - 21．

［79］彭华涛，谢小三，全吉．科技创业政策作用机理：政策连续性、稳定性及倍增效应视角［J］．科技进步与对策，2017，34（21）：88 - 94．

［80］彭纪生，仲为国，孙文祥．政策测量、政策协同演变与经济绩效：基于创新政策的实证研究［J］．管理世界，2008（9）：25 - 36．

［81］日本第四期基本计划［EB/OL］．www. mext. go. jp/english/science_technology/1303788. Htm，2013 - 12 - 20．

［82］沙德春，胡鑫慧．政策驱动型创业生态系统：概念内涵与理论特质［J］．创新科技，2022，22（2）：11 - 19．

［83］宋敏．创新型政府：中美创新政策的比较研究［J］．北京工商大

学学报（社会科学版），2021，36（6）：41－52.

[84] 宋乃平，张庆霞，牛建国.宁夏社发领域科技创新发展现状及技术需求分析 [J].中阿科技论坛（中英文），2022（3）：39－43.

[85] 宋潇，罗若愚，杨俊杰.创新政策制定的跨部门协调机制——中美实践比较分析 [J].科技进步与对策，2016，33（19）：94－100.

[86] 孙刚.创新生态环境与上市企业专利增长：来自"高新认证"政策的微观证据 [J].经济体制改革，2022（3）：97－103.

[87] 汤临佳，梅子，郭元源.我国"创业创新"系列政策实施效果研究：基于政策组合效应的视角 [J].科研管理，2022，43（5）：34－43.

[88] 陶长琪，丁煜.数字经济政策如何影响制造业企业创新——基于适宜性供给的视角 [J].当代财经，2022（3）：16－27.

[89] 田梅，杨光炜，赵毅峰.四川省县域科技创新发展问题研究及对策分析 [J].决策咨询，2019（5）：63－65.

[90] 田志龙，陈丽玲，Taieb Hafsi，顾佳林.我国四级政府创新政策体系下的企业响应策略与行动：基于扎根理论的多案例研究 [J].管理评论，2021，33（12）：87－99.

[91] 田志龙，陈丽玲，顾佳林.我国政府创新政策的内涵与作用机制：基于政策文本的内容分析 [J].中国软科学，2019（2）：11－22.

[92] [美] 托马斯·R.戴伊（ThomasR. Dye）.理解公共政策 [M].北京：华夏出版社，2004.

[93] 王洁，张玉臻，陈阳，叶剑平.农地确权颁证对农地规模化与规范化流转的影响——基于确权政策宣传的调节效应分析 [J].北京理工大学学报（社会科学版），2022，24（2）：163－173.

[94] 王洛忠，庞锐.中国公共政策时空演进机理及扩散路径：以河长制的落地与变迁为例 [J].中国行政管理，2018（5）：63－69.

[95] 王敏，伊藤亚圣，李卓然.科技创新政策层次、类型与企业创新——基于调查数据的实证分析 [J].科学学与科学技术管理，2017，38（11）：20－30.

[96] 王浦劬，赖先进.中国公共政策扩散的模式与机制分析 [J].北

京大学学报（哲学社会科学版），2013，50（6）：14－23.

[97] 王德强.科技创新券政策实施问题分析及风险控制［J］.云南科技管理，2022，35（3）：25－28.

[98] 王秦.深化改革创新 促进科技政策扎实落地［J］.群众，2022（3）：4－6.

[99] 王蓉娟，吴建祖.环保约谈制度何以有效？——基于29个案例的模糊集定性比较分析［J］.中国人口·资源与环境，2019，29（12）：103－111.

[100] 王炜，曹晓敏.农业科技政策激励与农户政策认知关系的研究——基于黑龙江省现代农业示范区的问卷调查［J］.哈尔滨商业大学学报（社会科学版），2014（3）：111－116.

[101] 王兴成.日本的科技政策［J］.国外社会科学，1978（6）：57－63.

[102] 王永生."首都科技创新发展指数2021"正式发布［J］.中关村，2022（1）：11.

[103] 王育晓，郭依函.科技创新政策研究概况、热点演变与理论脉络——基于CSSCI（1998—2019）的文献计量［J］.中国科技资源导刊，2021，53（6）：12－21.

[104] 王再进，徐治立，田德录.中国科技创新政策价值取向与评估框架［J］.中国科技论坛，2017（3）：27－32.

[105] 王珍燕.中美日科技政策的形成与发展研究［D］.重庆：重庆师范大学，2008.

[106] ［美］威廉·N. 邓恩（WilliamN. Dunn）.公共政策分析导论［M］.北京：中国人民大学出版社，2002.

[107] ［美］韦默（Wemer）.政策分析［M］.上海：上海译文出版社，2003.

[108] 蔚超.政策协同的纵向阻力与推进策略［J］.云南行政学院学报，201618（1）：107－111.

[109] 魏景容.政策文本如何影响政策扩散——基于四种类型政策的

比较研究［J］. 东北大学学报（社会科学版），2021，23（1）：87－95.

［110］吴达平. 基于生态学视角下的通信产业种群之间相互关系研究［J］. 贵州大学学报（自然科学版），2012，29（1）：92－95.

［111］吴昊，张正荣. 我国县域农村电子商务发展模式及驱动因素——基于"钻石模型"的 fsQCA 分析［J］. 浙江理工大学学报（社会科学版），2021，46（3）：253－262.

［112］吴和雨. 上海小微企业创新政策落实情况调研［J］. 统计科学与实践，2016（7）：27－30.

［113］吴鹏跃，徐雯静，马静. 社会网络视角下制造业产业政策演化与高质量发展的协调性研究［J］. 技术与创新管理，2022，43（3）：359－372.

［114］吴瑜，袁野，龚振炜. 人工智能背景下中美科技政策比较研究——基于文本挖掘与可视化分析的视角［J］. 中国电子科学研究院学报，2019，14（8）：891－896.

［115］伍玉林，马佳美. 浅析完善我国科技创新政策运行过程的几点思考［J］. 科技创新与应用，2013（30）：244.

［116］向玉琼. 全球化与公共政策的适应性分析［D］. 武汉：武汉大学，2004.

［117］谢小芹，文兰英. 从中国扶贫政策的伟大变革看历史性脱贫奇迹——基于行动者网络理论的回溯分析［J］. 深圳社会科学，2023，6（3）：5－20.

［118］谢卓霖. 地方政府扶持农产品电商发展政策供给存在的问题及对策研究［D］. 湘潭：湘潭大学，2021.

［119］邢怀滨. 公共科技政策的理论进路：评述与比较［J］. 公共管理学报，2005（4）：42－51.

［120］徐大可，陈劲. 创新政策设计的理念和框架［J］. 国家行政学院学报，2004（4）：26－29.

［121］徐君，戈兴成，郭鑫. 我国分享经济产业高质量发展的靶向思考及政策供给［J］. 经济体制改革，2022（2）：195－200.

［122］徐南平. 把落实创新政策、增加企业科技投入作为科技创新工

作的第一抓手夯实企业技术创新的主体地位 [J]. 江苏科技信息，2007 (7)：3-5.

[123] 徐硼，罗帆. 政策工具视角下的中国科技创新政策 [J]. 科学学研究，2020，38（5）：826-833.

[124] 徐强，王亚影，蒋晨曦. 政策认知、实施效果与城乡居民养老保险满意度影响关系研究 [J]. 公共治理研究：1-11 [2022-08-01]. http：//kns. cnki. net/kcms/detail/44. 1751. D. 20220624. 1740. 013. html.

[125] 徐伟民. 科技政策、开发区建设与高新技术企业全要素生产率：来自上海的证据 [J]. 中国软科学，2008（10）：141-147.

[126] 严荣. 公共政策创新与政策生态 [J]. 上海行政学院学报，2005（4）：38-48.

[127] 杨帮兴. 科技创新生态链的体系结构与促进政策 [J]. 管理工程师，2022，27（3）：29-33.

[128] 杨书文，薛立强. 县级政府如何执行政策？——基于政府过程理论的"四维框架"实证研究 [J]. 公共管理学报，2021，18（3）：76-85，172.

[129] 杨阳，徐琼芳，刘雅婷. 科技政策法规实施效果评估指标体系研究 [J]. 科研管理，2018，39（S1）：147-152.

[130] 杨正喜. 波浪式层级吸纳扩散模式：一个政策扩散模式解释框架——以安吉美丽中国政策扩散为例 [J]. 中国行政管理，2019（11）：97-103.

[131] 杨志. 中国政策爆发影响因素及其耦合机制研究 [D]. 南京：南京大学，2020.

[132] 姚娟，刘鸿渊，彭新艳. 区域发展目标主导下的高层次科技人才政策演化趋势研究——基于四川省高层次科技人才政策文本的计量分析 [J]. 四川师范大学学报（社会科学版），2021，48（5）：143-150.

[133] 俞立平，钟昌标，王安然，等. 创新政策的测度及不同政策效果比较研究 [J]. 中国科技论坛，2022（2）：41-49，58.

[134] 袁红，王焘. 政府开放数据生态系统可持续发展实现路径的系

统动力学分析 [J]. 图书情报工作, 2021, 65 (17): 13 – 25.

[135] 曾凯华, 王富贵, 李妃养, 等. 广东省科技创新政策落实存在的问题及对策建议 [J]. 经济师, 2018 (9): 135 – 137.

[136] 翟瑶瑶, 封颖. 生态学视角下我国科技成果转化政策研究 [J]. 情报探索, 2019 (5): 121 – 126.

[137] [美] 詹姆斯·C. 斯科特 (JamesC. Scott). 国家的视角 [M]. 北京: 社会科学文献出版社, 2004.

[138] 张阿城. 研发费用加计扣除政策满意度: 来自武汉市规模以上工业企业的证据 [J]. 科技管理研究, 2018, 38 (23): 38 – 43.

[139] 张宝建, 李鹏利, 陈劲, 等. 国家科技创新政策的主题分析与演化过程——基于文本挖掘的视角 [J]. 科学学与科学技术管理, 2019, 40 (11): 15 – 31.

[140] 张海柱, 林华旌. 政策扩散中"政策再创新"的生成路径与内在逻辑——基于 16 个案例的定性比较分析 [J]. 公共管理学报, 2022, 19 (1): 27 – 39, 166.

[141] 张剑, 黄萃, 叶选挺, 等. 中国公共政策扩散的文献量化研究——以科技成果转化政策为例 [J]. 中国软科学, 2016 (2): 145 – 155.

[142] 张骏生. 公共政策的有效执行 [M]. 北京: 清华大学出版社, 2006.

[143] 张明, 陈伟宏, 蓝海林. 中国企业"凭什么"完全并购境外高新技术企业——基于 94 个案例的模糊集定性比较分析 (fsQCA) [J]. 中国工业经济, 2019 (4): 117 – 135.

[144] 张楠, 林绍福, 孟庆国. 现行科技政策体系与 ICT 自主创新企业反馈研究 [J]. 中国软科学, 2010 (3): 22 – 26.

[145] 张体委. 超越结构与行动——政策网络理论发展路径反思与"结构化"分析框架建构 [J]. 天津行政学院学报, 2020, 22 (3): 3 – 12, 78.

[146] 张翔. 基层政策执行的"共识式变通": 一个组织学解释——基于市场监管系统上下级互动过程的观察 [J]. 公共管理学报, 2019, 16

（4）：1 – 11，168.

[147] 张永安，耿喆，王燕妮. 我国科技创新政策复杂性研究 [J].
科技进步与对策，2015，32（12）：104 – 109.

[148] 章刚勇. 基于大数据的中国科技政策体系研究：理论与实践
[J]. 中国软科学，2018（6）：172 – 180.

[149] 章熙春，朱绍棠，李胜会. 创新政策与科研结构双重影响下高
校科技创新绩效研究 [J]. 科技进步与对策，1 – 9 [2022 – 07 – 22].

[150] 赵超，皮莉莉. 粤港澳大湾区科技创新政策的认知度及其对
满意度的影响研究——以广州市为例 [J]. 沿海企业与科技，2021（6）：
19 – 28.

[151] 赵德余. 主流观念与政策变迁的政治经济学 [M]. 上海：复旦
大学出版社，2008.

[152] 赵峰，张晓丰. 科技政策评估的内涵与评估框架研究 [J]. 北
京化工大学学报（社会科学版），2011（1）：25 – 31.

[153] 赵龙文，方俊，赵雪琦. 生态视角下我国政府数据开放共享政
策体系的互动演化分析 [J]. 情报资料工作，2022，43（3）：56 – 66.

[154] 赵路，程瑜，张琦. 发挥财政职能作用 支持科技创新发
展——财政科技事业 10 年回顾与展望 [J]. 中国科学院院刊，2022，37
（5）：596 – 602.

[155] 赵需要，侯晓丽，樊振佳，等. 政府开放数据生态链的形成机
理与培育策略 [J]. 情报理论与实践，2021，44（6）：7 – 17.

[156] 赵需要，侯晓丽，徐堂杰，等. 政府开放数据生态链：概念、
本质与类型 [J]. 情报理论与实践，2019，42（6）：22 – 28.

[157] 郑纪刚，张日新. 认知冲突、政策工具与秸秆还田技术采用决
策——基于山东省 892 个农户样本的分析 [J]. 干旱区资源与环境，2021，
35（1）：65 – 69.

[158] 周冬，叶睿. 农村电子商务发展的影响因素与政府的支持——
基于模糊集定性比较分析的实证研究 [J]. 农村经济，2019（2）：110 – 116.

[159] 周英男，黄赛，宋晓曼. 政策扩散研究综述与未来展望 [J].

华东经济管理，2019，33（5）：150 – 157.

［160］周英男，柳晓露，宫宁. 政策协同内涵、决策演进机理及应用现状分析［J］. 管理现代化，2017，37（6）：122 – 125.

［161］周新伟，卢帅兵. 转型时期公共政策的适应性分析［J］. 湖南农业大学学报（社会科学版），2008（5）：99 – 102.

［162］周志忍，蒋敏娟. 整体政府下的政策协同：理论与发达国家的当代实践［J］. 国家行政学院学报，2010（6）：28 – 33.

［163］朱亚鹏，丁淑娟. 政策属性与中国社会政策创新的扩散研究［J］. 社会学研究，2016（5）：88 – 113.

［164］Ani Matei and Tatiana – Camelia Dogaru. Coordination of Public Policies in Romania. An Empirical Analysis［J］. Procedia – Social and Behavioral Sciences，2013（81）：65 – 71.

［165］Arnold G. Street-level Policy Entrepreneurship［J］. Public Management Review，2015（3）：307 – 327.

［166］Bochao Wang，Young B. Moon. Hybrid modeling and simulation for innovation deployment strategies［J］. Industrial Management & Data Systems，2013，113（1）.

［167］Brown G W. Norm Diffusion and Health System Strengthening：The Persistent Relevance of National Leadership in Global Health Governance［J］. Review of International Studies，2015（5）：877 – 896.

［168］Brown G W. Norm Diffusion and Health System Strengthening：The Persistent Relevance of National Leadership in Global Health Governance［J］. Review of International Studies，2014（40）：877 – 896.

［169］Butler D.，Volden C.，Dynes A. M.，et al. Ideology，learning，and Policy Diffusion：Experimental Evidence［J］. American Journal of Political Science，2015：1 – 13.

［170］Caitlin Elizabeth Hughes，Alison Ritter，Nicholas Mabbitt. Drug policy coordination：Identifying and assessing dimensions of coordination［J］. International Journal of Drug Policy，2013（3）：244 – 250.

[171] Charles Edquist. Research Policy. Towards a holistic innovation poli-cy: Can the Swedish National Innovation Council (NIC) be a role model? [J]. Research Policy, 2018 (10): 869 – 879.

[172] Charles R. S, Craig V. Policy Diffusion: Seven Lessons for Scholars and Practitioners [J]. Public Administration Review, 2012 (6): 788 – 796.

[173] Conti R. M, Jodes D. K. Policy Diffusion Across Disparate Disci-plines: Private and Public-sector Dynamics Affecting State-level Adoption of the ACA [J]. Journal of Health Politics Policy and Law, 2017 (2): 377 – 385.

[174] Cristina Chaminade, Jan Vang. Globalisation of knowledge produc-tion and regional innovation policy: Supporting specialized hubs in the Bangalore software industry [J]. Research Policy, 2008 (10): 1684 – 1696.

[175] Daye Kwon, Young – Han Kim. Welfare Effects of Foreign Aids Pol-icy Coordination among Asymmetric Donor Countries [J]. Procedia Economics and Finance, 2015 (30): 455 – 467.

[176] Eduardo Araral, Alberto Asquer, Yahua Wang. Regulatory Con-structivism: Application of Q Methodology in Italy and China [J]. Water Resources Management, 2017 (8): 2497 – 2521.

[177] Elias G. Carayannis, Evangelos Grigoroudis, Yorgos Goletsis. A multilevel and multistage efficiency evaluation of innovation systems: A multiob-jective DEA approach [J]. Expert Systems With Applications, 2016: 62.

[178] Ewald Rametsteiner, Gerhard Weiss. Assessing policies from a sys-tems perspecitve—Experiences with applied innovation systems analysis and im-plications for policy evaluation [J]. Forest Policy and Economics, 2005 (5).

[179] Fiss P C. Building better causal theories: A fuzzy set approach to typologies in organization research [J]. Academy of management journal, 2011, 54 (2): 393 – 420.

[180] F. Kern, P. Kivimaa, M. Martiskainen. Policy packaging or policy patching? The development of complex energy efficiency policy mixes [J]. Energy Research & Social Science, 2017 (23): 11 – 25.

［181］ Frances S. Berry, William D. Berry. State Lottery A-doptions as Policy Innovations: An Event History Analysis ［J］. The American Political Science Review, 1990 (2): 395 – 415.

［182］ Fred W. Riggs. Trends in the Comparative Study of Public Administration ［J］. International Review of Administrative Sciences, 1962, 28 (1): 9 – 15.

［183］ Fulwider J M. Returning Attention to Policy Contention Diffusion Study ［D］. Lincoln: University of Nebraska, 2011.

［184］ Gijs Diercks, Henrik Larsen, Fred Steward. Transformative innovation policy: Addressing variety in an emerging policy paradigm ［J］. Research Policy, 2018 (10): 880 – 894.

［185］ Gray V. Innovation in the State: A Diffusion Study ［J］. The American Political Science Review, 1973 (4): 1147 – 1185.

［186］ HAO Wen – jing, WANG Xue-mei. A study on ecological operation of web IP industrial chain ［J］. Ecological Economy, 2017, 13 (3): 247 – 253.

［187］ Jack Stilgoe, Richard Owen, Phil Macnaghten. Developing a framework for responsible innovation ［J］. Researce Policy, 2013 (9): 1568 – 1580.

［188］ Jae-wook Ahn, Peter Brusilovsky. Adaptive visualization for exploratory information retrieval ［J］. Information Processing and Management, 2013, 49 (5): 1139 – 1164.

［189］ Javier M. Ekboir. Research and technology policies in innovation systems: zero tillage in Brazil ［J］. Research Policy, 2003 (4): 573 – 586.

［190］ Jing He, Frances Berry. Crossing the Boundaries: Reimagining Innovation and Difusion ［J］. Global Public Policy and Governance, 2022 (2): 129 – 153.

［191］ Joseph Amankwah – Amoah. The evolution of science, technology and innovation policies: A review of the Ghanaian experience ［J］. Technological Forecasting & Social Change, 2016 (110): 134 – 142.

［192］Jos Timmermans, Sander van der Heiden, Marise Ph. Born. Policy entrepreneurs in sustainability transitions: Their personality and leadership profiles assessed ［J］. Environmental Innovation and Societal Transitions, 2014 (11): 96 – 108.

［193］Lauren Lanahan, Maryann P. Feldman. Multilevel innovation policy mix: A closer look at state policies that augment the federal SBIR program ［J］. Research Policy, 2015 (7): 1387 – 1402.

［194］Lemola T. Convergence of national science and technology policies: The case of Finland ［J］. Research Policy, 2002, 31 (8/9): 1481 – 1490.

［195］Maarten Cuijpers, Hannes Guenter, Katrin Hussinger. Costs and benefits of inter-departmental innovation collaboration ［J］. Research Policy, 2010 (4): 565 – 575.

［196］Makse T. , Volden C. The Role of Policy Attributes in the Diffusion of Innovation ［J］. Journal of Politics, 2011 (1): 108 – 124.

［197］Marijana Zekić – Sušac, Adela Has. Data Mining as Support to Knowledge Management in Marketing ［J］. Business Systems Research Journal, 2015, 6 (2): 18 – 30.

［198］Michał Rogalewicz, Robert Sika. Methodologies of Knowledge Discovery from Data and Data Mining Methods in Mechanical Engineering ［J］. Management and Production Engineering Review, 2016, 7 (4): 97 – 108.

［199］Nicholson – Crotty S C. , Woods DN. & Bowman A O. et al. Policy Innovativeness and Interstate Compacts ［J］. Policy Studies Journal, 2014 (2): 305 – 324.

［200］O H. S, Z Lei, J Yen. Patent evaluaation based techonlogical trajectory revealed inrelevant prior patents ［C］. The 18th pacificasia confernence on knowledge discovery and data mining (PAKDD 2014), Tainan, Tai-wan, 2014.

［201］O H. S, Z Lei, W – Clee P Mitra, J Yen. CV – PCR: s context-guided value-driven framework for patnt citation recommendation ［R］. The

ACM internationl conferencen information and knowledge management（CIKM 2013），San Francisco，CA，2013，October.

［202］Pierre - Marc Daigneault. Reassessing the concept of policy paradigm：aligning ontology and methodology in policy studies［J］. Journal of European Public Policy，2014（3）：453 - 469.

［203］Renata Mieńkowska - Norkien. Efficiency of Coordination of European Policies at Domestic Level - Challenging Polish Coordination System［J］. Procedia - Social and Behavioral Sciences，2014.

［204］Research Areas｜NSF - National Science Foundation［EB/OL］. https：//www. nsf. gov/about/research_areas. jsp，2017 - 12 - 1PIENTA A，G，ALTER，J LYLE. The enduring value of social science research：the use and reuse of primary re-search data［A］. IPRES2011 Proceedings，2011.

［205］Rosalinde Klein Woolthuis，Maureen Lankhuizen，Victor Gilsing. A system failure framework for innovation policy design［J］. Technovation，2003（6）：609 - 619.

［206］Samara，Patroklos Georgiadis，Ioannis Bakouros. The impact of innovation policies on the performanceof national innovation systems：A system dynamics analysis［J］. Technovation，2012：32（11）.

［207］Schneider C Q，Wagemann C. Set-theoretic Methods for the Social Science：A Guide to Qualitative Comparative Analysis［M］. Cambridge：Cambridge University Press，2012.

［208］Seymour Martin Lipset. Some Social Requisites of Democracy：Economic Development and Political Legitimacy［J］. American Political Science Review，1959（1）：69 - 105.

［209］Sharon Lin，Julie Fortuna，Chinmay Kulkarni，Maureen Stone，Jeffrey Heer. Selecting Semantically - Resonant Colors for Data Visualization［J］. Computer Graphics Forum，2013，32：401 - 410.

［210］Toddy Makse，Craig Volden. The Role of Policy Attributes in the Diffusion of Innovation［J］. The Journal of Politics，2011（1）：108 - 124.

[211] Towards Realization of Evidence-based Policy Formation: Development of Science of Science, Technology and Innovation Policy [EB/OL]. http://scirex. mext. go. jp/en/resourses/archive/110301 - 263. html, 2013 - 12 - 20.

[212] Volden C. States As Policy Laboratories: Emulating Success in the Children's Health Insurance Program [J]. American Journal of Political Science, 2006 (2): 294 - 312.

[213] Wejnert B. Integrating Models of Diffusion of Innovation: A Conceptual Framework [J]. Annual Review of Sociology, 2002 (1): 297 - 326.

[214] Wejnert B. Response to Kurt Weyland's Review of Diffusion of Democracy: The Past and Future of Global Democracy [J]. Perspectives on Politics, 2015 (2): 494 - 499.

[215] Wilfred Dolfsma, DongBack Seo. Government policy and technological innovation—a suggested typology [J]. Technovation, 2013 (6 - 7): 173 - 176.